Frank Patalong

Die ersten ihrer Art

Die viktorianischen Dinosaurier des Crystal Palace, London

Bibliografische Information der Deutschen Nationalbibliothek: Die Deutsche Nationalbibliothek verzeichnet diese Publikation in der Deutschen Nationalbibliografie; detaillierte bibliografische Daten sind im Internet über www.dnb.de abrufbar.

Herstellung und Verlag: BoD – Books on Demand, Norderstedt

www.patalong.info

ISBN **978-3-734-79900-6**

Inhalt

Vorab

Betonmonster im Park:

Was Crystal Palace zu etwas Besonderem macht

Mein Schwager Marcus lebt mit seiner Familie im Süden von London.

„Kennst Du eigentlich die Dinosaurier-Statuen im Crystal Palace Park?", fragte ich ihn einmal.

„Klar", sagte er: „Da waren wir früher immer mit den Kindern spazieren. Nicht so toll, oder?

Was hältst Du denn von den Dingern?"

Das ist eine gute Frage. Was man von den Crystal Palace Dinosauriern hält, die auf einem kleinen Areal im Crystal Palace Park im Londoner Süden um und auf künstlichen Inselchen stehen, hängt sehr stark davon ab, wie viel man über sie weiß.

Wer ihre Geschichte nicht kennt, empfindet sie – mit dem Wissen des 21. Jahrhunderts und unzähligen Medien-Auftritten aller möglicher, vermeintlich lebensechter digitaler Saurier im Hinterkopf – als naiv, ja fast kindlich.

Kennt man aber ihre Geschichte, dann sieht man sie mit ganz anderen Augen. Die 33 „Monster" im Crystal Palace Park sind uralte Monumente einer Zeit, als man noch „Wissen schaffen" musste, weil es schlicht noch nicht da war – sie sind künstlerische und wissenschaftliche Pioniertaten aus einer Zeit, als die Wissenschaft von der „Vorzeit" gerade erst entstand.

Hier das wichtigste über sie im Schnelldurchlauf:

- 1854 aufgestellt sind Sie über 160 Jahre alt;
- Sie waren weltweit die ersten je gefertigten Statuen prähistorischer Lebewesen;
- Sie sind älter als die Evolutionstheorie: die veröffentlichte Darwin erst sechs Jahre später;
- Sie waren auch der weltweit erste Versuch überhaupt,

dreidimensionale Darstellungen von Tieren in ihrer Umwelt zu zeigen;

- Es waren diese Statuen, die den Begriff Dinosaurier öffentlich bekannt und populär machten;
- Zu ihrer Zeit wurden sie als perfekte Synthese von Kunst und Wissenschaft gefeiert;
- Produziert wurden sie vom renommierten Bildhauer **Benjamin Waterhouse Hawkins**, der sich von **Richard Owen** beraten ließ, dem führenden Geologen und Paläontologen seiner Zeit;
- Sie waren eine weltweit beachtete Sensation und für Jahrzehnte eine der beliebtesten Attraktionen im viktorianischen London
- Sie lösten den ersten Dino-Boom aus.

Kurzum: Sie sind zugleich bedeutende Monumente der Wissenschaftsgeschichte und der Popkultur.

Aus heutiger Sicht sind die meisten der Rekonstruktionen aber natürlich auch „falsch", weil fehlerhaft und vom Erkenntnisfortschritt weit überholt.

Trotzdem markieren sie auch den Beginn eines unfassbaren Erkenntnisschritts: Weg von religiös-magisch geprägten Vorstellungen der Schöpfung und hin zu einem durch systematische Wissenschaften erklärten Weltbild. Sie sind der in Beton gegossene, erste Blick hinter die Kulissen der Entwicklungsgeschichte des Lebens.

Erst mit dem vom Glauben losgelösten Wissen um die Entstehung des Lebens und der Arten begannen wir zu begreifen, wer wir wirklich sind und wie die Welt beschaffen ist, in der wir leben. Wenn man so will, sind die seltsamen Statuen im Crystal Palace Park Zeugnisse unserer Selbsterkenntnis als Teil einer dynamischen, sich fortlaufend verändernden Lebenswelt. Zu sehen, das große, beeindruckende Wesen diesen Planeten bevölkerten, lang bevor unsere Existenz begann, muss die Menschen zutiefst erschüttert haben. Es relativierte alles.

Die Saurier-Inseln im Crystal Palace Park sind nur ein kleiner, aber magischer Ort, mit einer sehr überschaubaren Ausstellung großer, von der Zeit überholter Beton-Lebewesen. Doch die sind viel mehr als nur irgendwelche Kuriositäten oder halb lustige Artefakte eines Vergnügungsparks des 19. Jahrhunderts. Sie sind Denkmäler unseres Wissensdurstes und eines Punktes in unserer Geschichte, den man als einen Moment der Welt- und Selbsterkenntnis bezeichnen kann.

Ich habe die Figuren im Februar 2015 zusammen mit meiner

Frau besucht. Sie hat eigentlich kein Interesse an Paläontologie.

Ihr Urteil: „Die sehen aus wie schlechte Skulpturen aus den 1970ern."

Das stimmt, aber für mich sind sie trotzdem wunderschön. Ich erklärte ihr, was mich an den Figuren fasziniert, wo und auf welche Weise sie vom aktuellen Wissensstand abweichen und auch, wie es überhaupt dazu kam, dass man sie einst aufstellte.

„Und warum erfährt man das alles hier nirgendwo?" fragte sie und fand das tatsächlich empörend: Selbst die meisten Londoner, denen die Statuen im Park vertraut sind, wissen nicht, was sie da eigentlich vor sich haben.

Woher auch? Die kleinen Schautafeln an den Dinosaurier-Inseln verraten sehr wenig. Und der aktuellste Führer, den es in englischer Sprache zum „Dinosaur Court" und seiner Geschichte gibt, ist von 1994 und nicht mehr im Buchhandel erhältlich.

Immerhin: Restexemplare von „Crystal Palace Dinosaurs: The Story of the World's First Prehistoric Sculptures" von Steven McCarthy und Michael Gilbert kann man noch über die Webseite der „Friends of Crystal Palace" für 6,95 Pfund kaufen: www.cpdinosaurs.org/learn/books-and-more

Die „Friends" bieten auch Faksimiles historischer Führer von Richard Owen (herausgegeben 1854) und einen Parkführer von Samuel Phillips von 1856 an. Aus denen erfährt man freilich nur das, was man damals über die dargestellten Wesen wusste.

Das war es schon. In deutscher Sprache gab es bisher nicht einen einzigen Führer zu der kleinen Ausstellung: Bis Mai 2015 hatte noch nicht einmal die deutschsprachige Wikipedia einen Eintrag zum Thema, obwohl der „Dinosaur Court" in mehreren Einträgen erwähnt wird.

Ich habe diesen kleinen Band, den Sie nun als Taschenbuch oder Ebook in der Hand halten, geschrieben, weil diese Figuren es verdient haben, verstanden zu werden. Wissen verändert den Blick - und macht den Besuch des „Dinosaur Court" erst zu einem Erlebnis.

Ich wünsche Ihnen viel Spaß mit diesen Pionierleistungen aus Beton, mit diesem schrägen, aber beeindruckenden Zeugnis menschlicher Findigkeit – lesend, und hoffentlich auch in Natura im Londoner Crystal Palace Park.

Frank Patalong

Mai 2015

Teil 1: Erleben

Hinkommen

Der Crystal Palace („Kristallpalast") war das gigantische, gläserne Bauwerk, in dem 1851 die erste Weltausstellung stattfand. Ursprünglich im Hyde Park errichtet, baute man das riesige Glashaus nach der Ausstellung wieder ab und im Süden von London auf: Sowohl der Crystal Palace Park , als auch der umliegende Stadtteil von London sind nach dieser sensationellen Glashalle benannt, die 1936 in einem Feuer zerstört wurde. Was bleibt, ist der Park und an dessen südlichem Ende die Ausstellung „prähistorischer Monster" aus dem Jahr 1854.

Der einfachste Weg dorthin führt über den **Crystal Palace Bahnhof**, der direkt am Park liegt. Er wird zurzeit von vier Bahn-

und sechs Buslinien bedient.

Aus dem Zentrum von London führt die Bahnlinie von Victoria nach Sutton über Crystal Palace (30-40 Minuten), sowie die Linie von London Bridge nach Beckenham Junction (ca. 25 Min.). London Overground bedient den Bahnhof von Highbury & Islington aus (ca. 40 Min.), die bekannten **roten Busse** fahren den Bahnhof mit den Linien 157, 249, 358, 410, 432 und N3 an (Richtung London S/SE).

Genauso nah kommt man dem Park und seinen „Monstern" von der **Penge West Station** aus. Bedient wird der Bahnhof von London Overground, East London Line ab Highbury & Islington, sowie per Bahn ab Victoria.

Rund um den Park gibt es außerdem **weitere Bushaltestellen** der Linien 3, 122, 202, 227, 322, 363, 417, und 450.

Prinzipiell kommt man auch per Auto dorthin, folgt dabei ab Innenstadt meist der notorisch überfüllten A3. Man kann aber fast nur davon abraten, außer man hat vor, weiter Richtung Süden zu fahren: Google Maps berechnet die zehn Kilometer von Westminster zum Park mit rund 33 Minuten, hat aber keinen Schimmer von den realen Verhältnissen – man darf da gut und gern vom Dreifachen ausgehen.

Immerhin ist Parken dort etwas unproblematischer, als man das aus London sonst kennt: Sowohl am Stadion im Park, als auch am angrenzenden Sports-Komplex gibt es Parkmöglichkeiten (Navi-Einstellung: Ledrington Road, London).

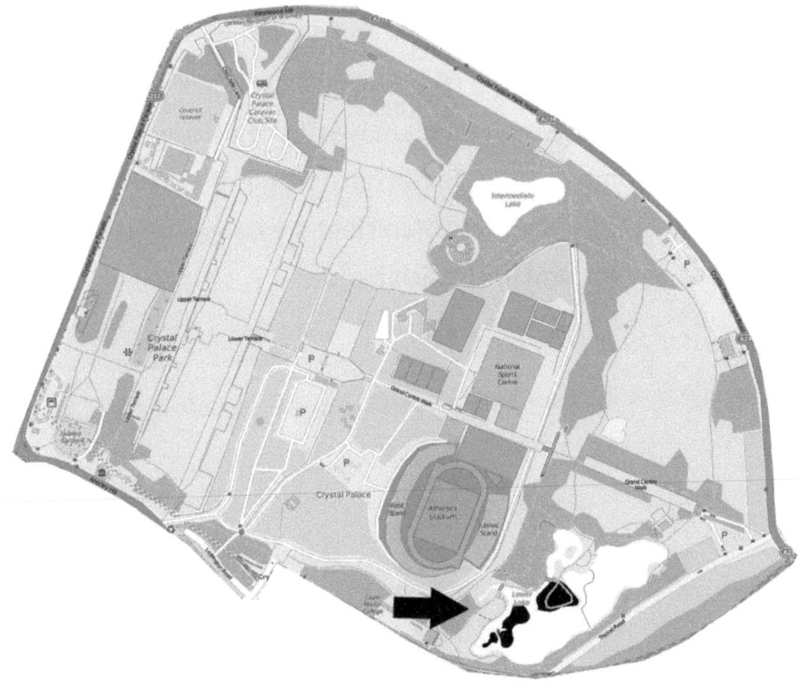

Die „prehistoric Monsters" findet man exakt südlich des Stadions auf den Inseln im See (hier tiefschwarz markiert).
Karte: © OpenStreetMap-Mitwirkende

Der Park selbst ist etwa 80 Hektar groß und fällt von Norden nach Süden ab. Beide Bahnhöfe liegen ebenfalls an diesem Südende und nur wenige Gehminuten von den „Saurierinseln" entfernt. Am südlichsten Ende liegt der Bootssee und darin mehrere Inseln, um die herum Wanderwege führen.

Zusammen nennt man die drei Inseln den „Dinosaur Court", den Hof der Dinosaurier. Die Laufrichtung, in der man sich das kleine Gebiet erschließt, ist dabei nicht willkürlich: Hawkins stellte sich vor, dass man den kleinen Weg am westlichen Parkrand von der Höhe herab kommen solle. Tatsächlich ist das die schönste erste Begegnung mit den Statuen: Man sieht sie dann vom Westen her aufgereiht vor und unter sich liegen.

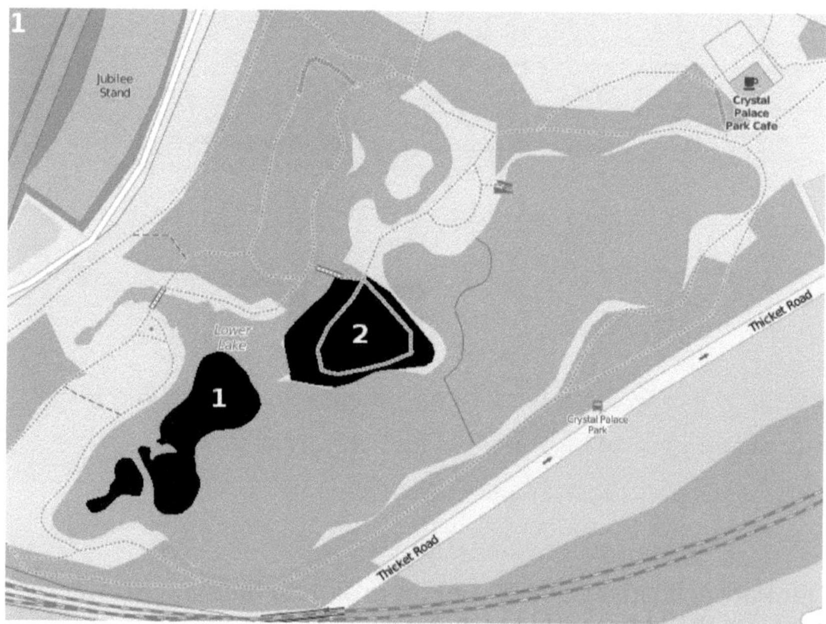

Karte: © OpenStreetMap-Mitwirkende

Auf den zwei westlichen Inseln (1) steht das Gros der Hawkins-Statuen, einige weitere im Wasser um und zwischen den Inseln. Auf der benachbarten Insel (2) findet man frühe Säugetiere und eiszeitliche Fauna.

Unten angekommen, ergibt sich aus der Laufrichtung eine kleine Zeitreise, die auch nach heutigen Erkenntnissen noch prinzipiell korrekt ist: Zuerst sieht man Amphibien und frühe Reptilien, bevor man auf Ptero-, Meeres- und Dinosaurier trifft. Geht man weiter, begegnet man Säugern, und auch hier zuerst vergleichsweise kleinen, bevor man – auf der dritten Insel (2) die Giganten unter ihnen entdeckt. Dieser Führer stellt die Exponate in genau dieser Reihenfolge vor.

Dicynodon

Perm bis Kreide, ca. 265 bis 99,6 Millionen Jahre

Lage und Aussehen der Statuen: Vor den Inseln stehend ganz rechts, an der Rückseite der ersten Insel. Zwei schildkrötenhafte Wesen, aus dem Wasser kriechend.

Copyright: FunkMonk/Wikipedia/Creative Commons

Richtiges und Falsches: Der Kopf mit den Stoßzähnen kommt heutigen Vorstellungen von Dicynodon nahe. Der Rest nicht: Dicynodonten waren keine „Schildkröten", sondern reptilische

Vorfahren der Säugetiere – und manche Arten besaßen schon Merkmale, in denen sich das andeutete.

Wissenswertes: Im Jahr 1844 fand der Geologe Andrew G. Bain bei Straßenbauarbeiten 450 Meilen nördlich von Kapstadt zwei seltsame fossile Schädel, die er wegen ihrer prominenten Stoßzähne „Bidentale", also „Zweizähner" nannte. Neben diesen Schädel-Teilen aber fand er nur Fragmente der rätselhaften Tiere, einen echten Reim konnte er sich nicht darauf machen. Er beschloss, sie zur weiteren wissenschaftlichen Untersuchung an Richard Owen nach England zu schicken.

Der erkannte sie schnell als Reptilien, wenn auch reichlich seltsame. Sie schienen ihm „Eigenschaften der Krokodile, der Schildkröten und der Leguane" zu vereinen. Das aber brachte ihn auf eine völlig falsche Spur, die in eine Beschreibung mündete, die sich mehr auf Phantasie als auf Fakten stützte.

Heraus kam darum auch eine der schrägsten Rekonstruktionen, die im „Dinosaur Court" zu sehen sind. Owens und Hawkins Stoßzahn-Schildkröte ist ein bloßes Phantasiegeschöpf, das weder so aussah, wie die zwei sich das vorstellten, noch im Wasser lebte. Das Resultat erinnert eher an das koreanische B-Movie-Monster Gamera, als an irgendein je gefundenes fossiles Lebewesen.

Und doch lässt selbst diese auf völlig unzureichenden Funden beruhende Kuriosität wissenschaftliche Erkenntnis erkennen. Denn die Zähne des seltsamen Tieres erinnerten den aufmerksamen Owen an die „Stoßzähne der mammalischen Walrösser". Eine gewagte Analogie zu Säugetieren, die nach damaligen Verständnis mit Reptilien nichts zu tun hatten. Er nannte das Tier Dicynodon, was etwa „zwei Hunde-Zähne" bedeutet. Was er nicht ahnte: Er hatte ein Tier vor sich, das Säugern viel näher stand als Reptilien.

Denn das Dicynodon, das Owen und Hawkins schließlich als eine Art Schildkröte mit Stoßzähnen rekonstruierten, war ein so exotisches Tier, dass auch Owen wohl Probleme mit der Wahrheit gehabt hätte: Als Mitglied der Familie der Synapsiden gehörten Dicynodonten zu den frühesten Vorfahren oder Vorläufern der Säugetiere.

Der Name der Synapsida leitet sich von einem Schädelmerkmal ab: Der Kopf der Synapsida weist nur ein Schläfenfenster auf (also ein „Loch" im Knochen). Bei den Diapsiden, zu denen Dinosaurier, Reptilien und Vögel gehören, ist das anders: deren Schädel verfügen über zwei Schläfenfenster. Synapsiden gibt es auch heute noch – ein Exemplar davon hält gerade dieses Buch in der Hand: Alle Säugetiere sind Synapsiden, die Kontinuität bis zurück zu frühen Vertretern wie Dicynodon ist ungebrochen.

Heute sieht man Synapsiden deshalb nicht mehr als Untergruppe der Reptilien an, sondern als eine von zwei Entwicklungslinien der nicht mehr von der Fortpflanzung im Wasser abhängigen Landwirbeltiere (Amniota): Synapsiden und Sauropsiden.

Gemeinsam ist beiden, dass ihre ersten Vertreter (die alle wiederum von amphibischen Wesen abstammen, die sich im Wasser entwickelten und ab dem Devon den Gang an Land wagten) sehr „reptilhaft" aussahen, ihre „modernsten" hingegen kaum noch daran erinnern (man denke etwa an Säugetiere als Vertreter der Synapsiden oder Vögel als Vertreter der Sauropsiden).

Moderne Darstellung eines Dicynodontiers. Copyright: Creative Commons/Nobu Tomura (http://spinops.blogspot.com)

Owen konnte das alles weder wissen noch erkennen. Anders als Säuger und Dinosaurier liefen Dicynodonten ähnlich wie heutige Reptilien auf deutlich angewinkelten Beinen. Trotz des mit Hauern bewehrten Maules hatte das von Owen untersuchte Dicynodon keine Zähne, sondern einen Schnabel. ,

Merkmale, die ihn an Säuger hätten erinnern können, hatte indes keines der Knochenfragmente, die Owen vorlagen (abgesehen von den Zähnen). Was es allerdings auch nicht gab, war irgendeine Spur eines Panzers – den hatten sich Owen und Hawkins schlicht ausgedacht. Owen hielt die Vermutung für begründet, doch am Ende erwies sie sich als zu gewagt.

Heute wissen wir, dass Dicynodonten wohl eher wie flach gebaute, dicke, nackte Nager mit kurzen Schwänzen und seltsamen Köpfen aussahen: Eine Art 1,20-Meter-Mull mit Schnabel, der auf geknickten Beinen seinen Stoßzahn-bewehrten Kopf durch die Gegend trug.

Die Tiergruppe der Synapsiden sollte noch richtig Karriere machen und über 300 Millionen Jahre überdauern. Auf bescheidene „Flachbauten" wie Dicynodon folgten zahlreiche, höchst unterschiedliche Arten, die vielfältige ökologische Nischen besetzen sollten. Die Spanne reichte von kleinen Pflanzenfressern bis zu mächtigen Räubern.

Ihre Hochzeit erlebten die Synapsiden im Perm (298,9 bis 252,2 Millionen Jahre), als sie die zahlreichsten Tierarten stellten. Die größten Dicynodonten-Arten erreichten Nashorn-Größe und waren wohl auch von ähnlichem Körperbau. In Herden lebend mögen sie wie heutige Büffel über die Steppen gezogen sein.

Und zumindest einige Arten waren sogar schon warmblütig. Eines der faszinierendsten Fossile, die je gefunden wurden, vereint die Knochen zweier sehr unterschiedlicher Spezies in vielsagender Weise: „Hauptdarsteller" dieser fossilisierten Geschichte ist ein Trinaxodon, ein kleiner, marderähnlicher Verwandter des Dicynodon.

Wie ein heutiger Dachs lebte der in unterirdischen Bauten und „überwinterte" dort vielleicht sogar: 2013 grub man so ein Trinaxodon aus, das wahrscheinlich schlafend in seiner Höhle von einer Überschwemmung getötet wurde. Zwischen den Beinen des kleinen Räubers, von dem man weiß, dass er zumindest über Schnurhaare verfügte, wenn nicht sogar über ein Fell, lag ein Broomistega-Amphibium, das dort offenbar Zuflucht gesucht hatte.

Wach wäre Trinaxodon für diese Amphibie wohl ein Feind gewesen. Stellt sich die Frage, was das Lurch-artige Tier also dort suchte – wenn nicht Wärme?

Dicynodon war wohl noch weit archaischer und „reptilienhafter"
als dieser kleine Warmblüter. Aber eine „Schildkröte" war dieses
Tier definitiv nicht.

Labyrinthodon (heute: Mastodonsaurus)

Trias, ca. 247 bis 201 Millionen Jahre

Lage und Aussehen der Statuen: Vor den Inseln stehend ganz rechts, am Ende der ersten Insel. Zwei wie Frösche kauernde Kreaturen mit enorm großen Köpfen, eins mit warziger, eins mit glatter Haut - möglicherweise, um verschiedene Spezies darzustellen.

Copyright: Patalong

Richtiges und Falsches: Richtig erkannt hatten Owen und Hawkins den „Lurch"-Charakter der Tiere: Owen beschrieb und benannte sein Labyrinthodon sogar mit dem wissenschaftlichen Beinamen „Salamandroides" - also „Salamander-ähnliches Labyrinthodon". Den Hauptbestandteil des Namens leitete Owen aus der bizarren Struktur der Zähne ab, deren Substanz aus kleinteiligen Faltungen aufgebaut schien - im Querschnitt erinnert das an zackige „Jahresringe".

Owens Beschreibungen und Zeichnungen setzte Hawkins in treulich „froschiger" Manier um, was der Wahrheit allerdings nicht wirklich nahe kam: Labyrinthodonten (eine Klassifikation, die man heute nicht mehr gebraucht) ähnelten eher einer Kreuzung aus Krokodil und Lurch oder Salamander. Also: flacher gebaut, semi-aquatisch, mit großen, furchteinflößend bezahnten Mäulern.

Definitiv falsch war die von Owen rekonstruierte Beinstellung: Er stellte sich vor, dass diese „Bestien" ihre Beute mit weiten Frosch-Sprüngen erlegten. Wahrscheinlicher ist, dass sie das Wasser (wenn überhaupt) nur selten verließen und in Lebensweise, Aussehen und Verhalten heutigen Krokodilen ähnelten.

Wissenswertes: Owen erkannte die Lurch-Ähnlichkeit der von ihm untersuchten Fossilien, hielt sie aber trotzdem fälschlich für Reptilien. Entdeckt und beschrieben hatte das erste Fossil der deutsche Naturkundler Georg Friedrich Jaeger. Er nannte seinen Fund Mastodontosaurus, doch das missfiel nicht nur Owen.

So verwirrend waren die Eigenschaften der gefundenen Fossile, dass verschiedene Forscher zu höchst unterschiedlichen Klassifizierungen und Beschreibungen kamen. Leopold Fitzinger benannte das Tier 1837 in Batrachosaurus um, und Richard Owen machte 1841 sein Labyrinthodon daraus.

Owens Zeichnung für den Crystal-Palace-Guide von 1854. Copyright: gemeinfrei

Der Streit ist verständlich: In Bezug auf ihre Größe und die Vielfalt der gefundenen Arten sprengten diese Tiere jede Vorstellung. Schon die erste bestimmte Art brachte es auf Körpergrößen bis zu sechs Meter und geschätzte 400 Kilogramm Körpergewicht. Die größte Art könnte neun Meter Länge und eine Tonne Gewicht erreicht haben.

Auch ihre furchteinflößend bezahnten Mäuler entsprachen nicht gerade dem, was man von lebenden Lurchen so gewohnt ist. Sollten so einmal Amphibien ausgesehen haben?

Montiertes Skelett des Labyrinthodonten Eryops. Copyright: Daderot/Creative Commons

Aber sicher doch, und sie regierten sogar die Welt: Diese frühen, noch semi-aquatischen Raubtiere waren krokodilhaft bewaffnete Panzerlurche, die die Spitzenpositionen der Nahrungsketten ihrer Zeit besetzten – es gab möglicherweise hunderte Arten davon.

Ihre Geschichte begann im Devon, rund 400 Millionen Jahre vor unserer Zeit, und dauerte bis zum Ende der Trias vor rund 200 Millionen Jahren: Panzerlurche wie Labyrinthodon, das heute wieder Mastodonsaurus genannt wird, dürften ihr Teil dazu beigetragen haben, dass Dinosaurier nicht vor Beginn des Jura zur beherrschenden Tiergruppe wurden. Im Wasser auf Beute lauernd waren sie mit Sicherheit fürchterliche Jäger, die jedem Lebewesen ihrer Zeit gefährlich werden konnten.

Plesiosaurus

Trias bis Kreide, ca. 208,5 bis 66 Millionen Jahre

Lage und Aussehen der Statuen: Rechte Insel, vom rechten Rand bis Inselmitte, vorgelagert im Wasser liegend. Drei Statuen von „Nessie"-Gestalt: spindelförmige Körper mit Paddeln, lange, schlangenhafte Hälse mit kleinen Köpfen.

Copyright: Patalong

Richtiges und Falsches: Die Gestalt des Plesiosaurus ist gut getroffen. Weniger richtig ist, dass und wie weit er aus dem Wasser ragt: Owen glaubte, dass diese Tiere wie Robben auch an Land gehen konnten und sich dann auf ihren Paddeln bewegten. Das ist wohl falsch, Plesiosaurier dürften es kaum an Land geschafft haben. Ihre Paddelform legt vielmehr nahe, dass sie damit unter Wasser „flogen", ihre Flossen also wie Flügel einsetzten. Man vermutet heute, dass sie warmblütig waren und lebende Junge zur Welt brachten. Sie könnten demnach ähnlich gelebt haben wie heutige Wale.

Wissenswertes: Viel falsch machen konnte man beim Plesiosaurus nicht. Schon die Erstbeschreibung durch Mary Anning, berühmteste und erfolgreichste Fossiliensammlerin ihrer Zeit, die mit ihren Funden die Basis für den Erfolg zahlreicher Forscher legte, hat bis heute Bestand: Anning hatte 1821 ein fast vollständiges Fossil gefunden und bis 1823 korrekt rekonstruiert.

Ihre Beschreibung lieferte die Basis für die Artbenennung im Jahr darauf, die William Conybeare mit aussagekräftigen Zeichnungen im Fachblatt der Geologischen Gesellschaft veröffentlichte. Damit wurde Plesiosaurus zu einer der ersten gefundenen Meeresechsen – und zu einem prototypischen „Saurier", den bis heute jedes Kind kennt und mit der Vorzeit verbindet.

Bis heute viel zu wenig bekannt ist dagegen die Geschichte der Frau, die diesen und viele andere Funde machte. Auch Richard Owen schaffte es, in seinem Crystal-Palace-Guide gleich vier ehrenwerte Gentlemen zum Thema Plesiosaurus zu zitieren, die eigentliche Finderin und Restauratorin Mary Anning aber mit keinem Wort zu erwähnen.

Für Georges Cuvier, William Buckland, Gideon Mantell, Richard Owen und so viele andere Größen unter den Naturforschern ih-

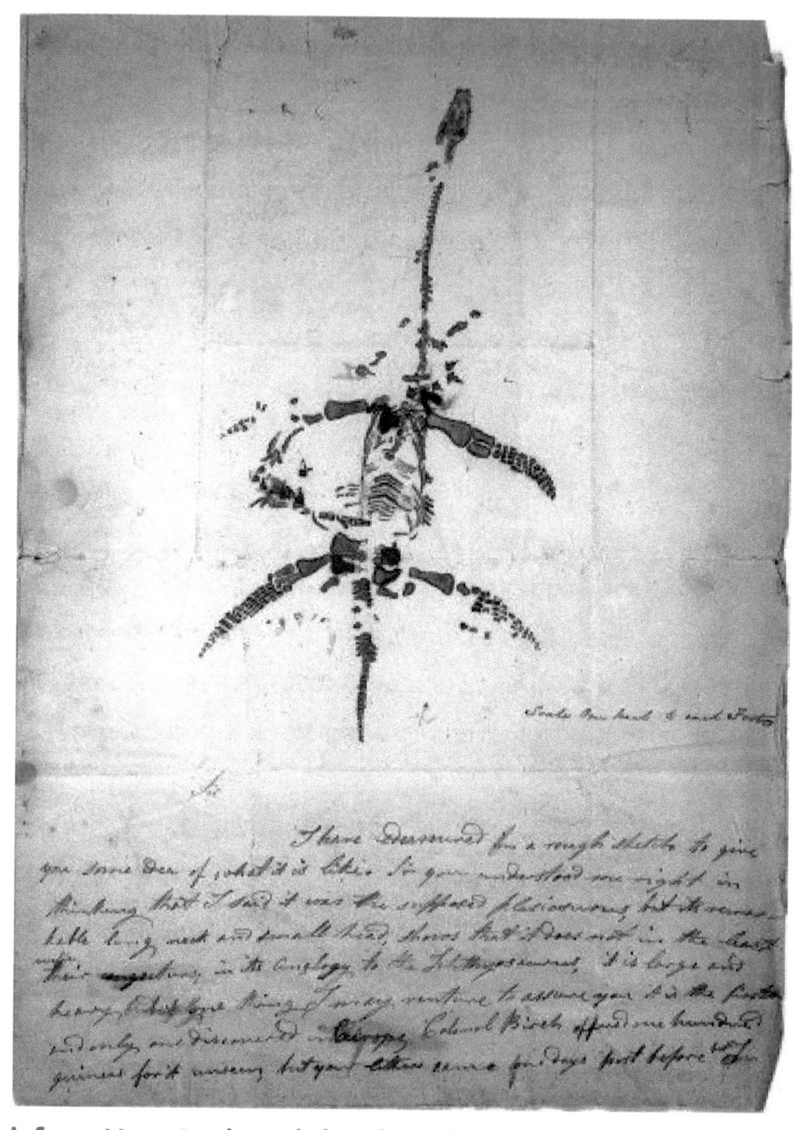

Brief von Mary Anning mit handgezeichneter Skizze, am 26. Dezember 1823 an den Historiker, Fossiliensammler und Hobby-Geologen Henry Bunbury geschickt. Copyright: gemeinfrei

rer Zeit war diese Frau aus dem Örtchen Lyme Regis an der Küste von Dorset eine geschätzte Lieferantin – aber eben auch „nur" eine Frau. Anning wurde 1799 in arme Verhältnisse geboren, schon der Vater sammelte Fossilien, die er als kuriose Souvenirs an oft adelige Touristen verkaufte. Er starb, als Anne elf Jahre jung war: Nun versuchte sie mit ihrem Bruder, die Familie über Wasser zu halten.

Schon Ende 1810, nur wenige Monate nach dem Tod des Vaters, fand sie eines der vollständigsten Ichtyosaurier-Skelette, die je gefunden wurden. Es sollte dafür sorgen, dass die jugendliche „Souvenir-Sammlerin" zu einer der kompetentesten Autodidakten im Feld der Geologie heranwuchs: Schon bald machte sich Anning mit der Entdeckung zahlreicher Fossilien und Identifizierung mehrerer neuer Arten einen Namen.

Und obwohl die Fachwelt ihr die formelle Anerkennung vorenthielt, galt sie doch als eine der wichtigsten und einflussreichsten Paläontologen ihrer Zeit – nur eben nicht öffentlich. Wissenschaftler holten sich bei ihr nicht nur Fossilien, sondern auch Rat. Sie gilt bis heute als eine der einflussreichsten Frauen in der Geschichte der Wissenschaft.

Und zumindest einige ihrer männlichen Kollegen erkannten das auch an. So verkaufte der Fossiliensammler Thomas Birch, der von Annings Arbeit zutiefst beeindruckt und von der Armut der Familie erschüttert war, seine Sammlung und ließ Anning den Erlös von sagenhaften 400 Pfund zukommen, um ihre Arbeit zu unterstützen. Es sollte die Familie über Jahre über Wasser halten.

Mary Anning (Ausschnitt aus einem Gemälde aus Annings Familienbesitz, um 1847). Copyright: gemeinfrei

William Conybeare und Henry De la Beche verbuchten zwar die Erstbeschreibung des von Anning rekonstruierten Ichthyosaurus, wie er im Crystal Palace Park zu sehen ist, als eigene Leistung, ohne Anning auch nur zu erwähnen. De la Beche wusste Annings Beitrag aber auf andere Weise zu würdigen.

Als De la Beche 1830 hörte, dass Anning in ernsthaften finanziellen Schwierigkeiten war, malte er mit „Duria Antiquior" ein martialisches Bild eines vorzeitlichen Biotops, in dem es von Leben nur so wimmelt – und alle gezeigten Arten waren von Anning gefunden oder sogar erstmals beschrieben worden.

Duria Antiquor: Eine Menagerie aus Anning-Funden.

Das Bild wurde höchst populär unter den frühen Paläontologen und Geologen. De la Beche ließ es als vorgeblich als Souvenir vervielfältigen und die Gentlemen gaben freigiebig – denn den Verkaufserlös ließ De la Beche der von der akademischen Welt so schmählich behandelten Mary Anning zukommen.

„Duria Antiquor" war eine kaschierte Spende, ein galantes Dankeschön und zugleich ein Meilenstein der Wissenschaftsgeschichte: Das Bild gilt als erster Versuch überhaupt, prähistorisches Leben im Kontext seiner Umwelt darzustellen. Das Bild wurde nicht nur ein kleiner Bestseller, sondern auch zur Vorlage für zahlreiche Plagiate – und stilistisch prägend für die Anfänge der Paläo-Illustration.

Mehr Ehre für Anning gab es posthum: Im Frühjahr 2015 benannten die Paläontologen Dean R. Lomax und Judy A. Massare eine neu bestimmte Ichthyosaurus-Art Mary Anning zu Ehren *Ichthyosaurus Eingang*.

Wer mehr über diese interessante Frau (und die anderen „Helden" der frühen Paläontologie) erfahren möchte, greife zum Buch „Die Dinosaurierjäger" von Deborah Cadbury (Rowohlt, 2003). Auf Deutsch gibt es das leider nur noch als Restauflage oder antiquarisch, dafür aber für ein paar Euro bei den meisten Online-Buchhändlern. Ein echter Lesetipp: Profaner Titel, aber spannend und kenntnisreich geschriebene Sozial- und Wissenschaftsgeschichte.

Ichthyosaurus

Trias bis Kreide, ca. 251,2 bis 93 Millionen Jahre

Lage und Aussehen der Statuen: Drei teils im Wasser vor der größeren der rechten Insel, teils an Land liegende Tiere, die ein wenig an großäugige Krokodile mit Robben-Flossen erinnern. Die drei Statuen repräsentieren drei verschiedene Ichthyosaurus-Arten: Platyodon, tenuirostris und communis.

Copyright: Patalong

Richtiges und Falsches: Auch vom Ichthyosaurus („Fisch-Echse") waren Mitte des 19. Jahrhunderts schon sehr eindeutige Fossilien bekannt: Sie zeigen ein Wesen, dass Fischen deutlich ähnelt. Den Kopf trafen Owen und Hawkins noch leidlich gut, auch wenn er Krokodilen ein wenig zu sehr ähnelt. Dass die meisten Ichthyosaurier eine Rückenfinne besaßen und in ihrer Gestalt frappant an Delfine oder Haie erinnerten, wussten sie noch nicht.

Und was sich Owen ebenfalls nicht vorstellen konnte war, dass sie wie Wale lebten: Er ließ sie von Hawkins an Land setzen, weil er davon ausging, dass sie dort wie heutige Robben „Sonne tankten". Der knochige Flossenaufbau, befand Owen, sei ein sicheres Zeichen dafür, dass Ichthyosaurier „bei Gelegenheit die Ufer aufsuchten, auf den Strand krochen und im Sonnenschein badeten". Falsch rekonstruierten Owen und Hawkins auch das Körperende des Ichthyosaurus, das eben nicht in einem relativ flachen Krokodil-Schwanz endete, sondern in einer großen Flosse.

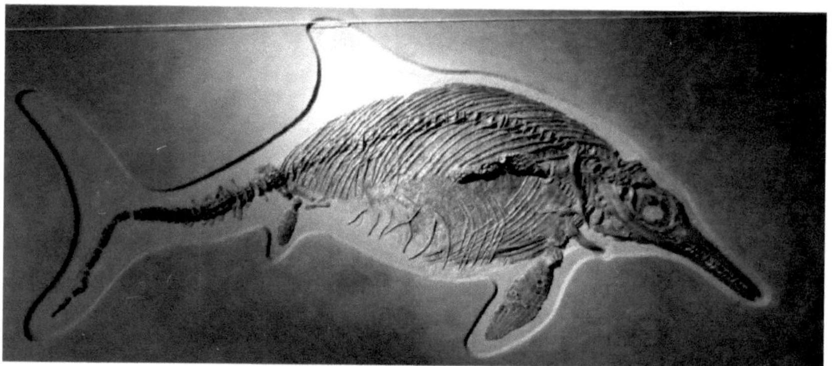

Ichthyosaurier mit rekonstruierten Flossen: Wie eine Kreuzung von Delfin und Hai. Copyright: Patalong

Prinzipiell war das Owen allerdings klar: Aus „häufigen Brüchen" der hinteren Wirbelsäule schloss er, dass die eine vertikal stehende Fluke gestützt haben musste, die wohl enormen Belastungen ausgesetzt gewesen war (daher die „Schäden").

Tatsächlich ist der Knick am hinteren Schwanzende wohl kein
Bruch, sondern ein weit verbreitetes Ichthyosaurier-Merkmal: Er
markiert den Beginn der Flosse, deren untere Hälfte durch den
Fortsatz der Wirbelsäule gestützt wurde.

Aus dieser hochkant stehenden Flosse schloss Owen - höchst-
wahrscheinlich irrtümlich - auch, dass Ichthyosaurier Kaltblüter
gewesen seien: Sie sei ein Indiz dafür, dass sie es nicht so eilig
wie Wale gehabt haben könnten, schnell und regelmäßig an die
Oberfläche zu kommen, um zu atmen. Denn mit einer vertikalen
Flosse ließen sich horizontale Bewegungen weniger schnell um-
setzen.

Das klingt logischer, als es ist, wie jeder Hai bestätigen könnte:
Für so etwas haben entsprechend gebaute Wasserbewohner
seitlich ansetzende horizontal ausgerichtete Flossen als „Höhen-
ruder".

Ichthyosaurier hatten davon gleich vier, und die waren – wie
auch Owen ja bemerkt hatte – auch noch außerordentlich kräf-
tig. Nur hielt er sie nicht für Steuerruder, sondern für rudimen-
tär-Gliedmaßen, um dem Ichthyosaurier das Sonnenbad am
Strand zu ermöglichen.

Sehr richtig trafen Hawkins und Owen allerdings die Körperteile, die man an den Skulpturen am ehesten für falsch hält: die Augen. Denn die waren wirklich riesig und von einer Art knöcherner Manschette umgeben.

Wissenswertes: Ichthyosaurier waren eine große, artenreiche Gruppe von im Wasser lebenden Reptilien, die über rund 150 Millionen Jahre vom unteren Trias bis zur oberen Kreidezeit (ca. 251 bis 94 Millionen Jahre) überdauerten. Fragmente von Ichtyhosauriern kannte man lang, bevor Mary Anning wie beschrieben Ende 1810 das erste vollständige Skelett fand. Bis dahin aber konnte man mit den Funden nicht viel anfangen: Was sollten das für Tiere gewesen sein, deren Knochen wie die von Landtieren aussahen, die man aber nur in marinen Böden fand?

Annings Fund änderte das rapide, und zu der Zeit, als Richard Owens zum führenden Geologen Englands geworden war, kannte man bereits mehrere Arten von höchst unterschiedlicher Größe. Grundsätzlich ähnelten sich Ichthyosaurier allerdings sehr – egal, ob sie nun zwei oder zwanzig Meter lang wurden, ihre „Familienähnlichkeit" ist augenfällig. Gemein hatten sie alle die große Ähnlichkeit mit Fischen (daher der Name „Fisch-Echse"), den gerundeten Leib, die Halslosigkeit, die längliche, bezahnte Schnauze.

Englischsprachige Biologen beschreiben die für Ichthyosaurier typische Körperform als „Thunniform", also als „Thunfisch-förmig". Es ist ein Körperbauplan, der typisch ist für Tiere, die sich unter Wasser mit hoher Geschwindigkeit über große Distanzen bewegen können.

Owen verglich diesen Körperbau mit Walen und war auch überzeugt, dass Ichthyosaurier wohl ganz ähnliche ökologische Nischen besetzten: Von in Schwärmen jagenden kleineren Arten, die man mit Delfinen oder großen Thunfischarten vergleichen konnte, bis hin zu mächtigen, eher allein oder in Kleingruppen jagenden Räubern. Sie stammten von Landreptilien ab, die den Weg zurück ins Wasser gefunden hatten – auch das eine Analogie zu Walen. Wie diese waren auch Ichthyosaurier darauf angewiesen, an der Oberfläche Luft zu holen, ihre Atemlöcher saßen an der Oberseite ihrer Schnauzen, oft dicht vor Höhe der Augen.

Wir wissen heute, dass Ichthyosaurier zudem wohl warmblütig waren und – ganz so wie Wale – lebende Junge zur Welt brachten. Die ersten Fossilfunde, die junge Ichthyosaurier im Körperinneren erwachsener Tiere zeigten, hielt man noch für Hinweise auf Kannibalismus. Inzwischen hat man das Fossil eines Ichthyosauriers gefunden, der bei einer Geburt verendete – mit einem Jungen noch halb im Geburtskanal.

Das bemerkenswerteste an Ichtyhosauriern aber ist ihr Auge, das uns einiges über ihre Lebensweise verrät: Im Verhältnis zum Körper sind es die größten je bei einem Wirbeltier gefundenen Sehorgane. Ichthyosaurier besaßen keine runden „Augäpfel", sondern flach aufgebaute, scheibenartige Augen. Um deren Form unter großem Druck stabil zu halten, nutzten sie einen knöchernen Lamellenring, den sogenannten Skleralring, wie ihn auch Dinosaurier und heute noch Vögel und manche Reptilien besitzen.

Skleralring um das Auge eines Ichthyosauriers: knöcherne Schutzmanschette. Emőke Dénes/Creative Commons

Die riesigen Augen bedeuten keineswegs, dass Ichthyosaurier nachtaktiv gewesen wären – sie bewegten sich vielmehr im Dunkel der Tiefen. Es ist eine weitere Parallele zu den Walen. Wahrscheinlich gehörten zur Beute der Ichthyosaurier nicht nur Fische (die man häufig dort in ihren Fossilien findet, wo einst der Magen saß), sondern auch Tintenfische, Ammoniten und andere Tiere, die sie in großen Tiefen jagten.

Aus Größe und Form der Ichthyosaurier-Augen hat man hochgerechnet, wie lichtstark sie wohl gewesen sein mögen. Wenn die Rechnung stimmt, ließe sich ihr Auge mit dem heutiger Eulen vergleichen – einem der stärksten Sehorgane, das wir kennen.

Teleosaurus

Jura, ca. 183 bis 150 Millionen Jahre

Lage und Aussehen der Statuen: Mittlere Höhe der rechten Insel, im Wasser davor liegend zwei Krokodile. Die länglichen Schnauzen erinnern sehr stark an heutige Gaviale.

Copyright: Patalong

Richtiges und Falsches: Von Schwanz bis Schnauze entsprechen Hawkins Statuen bis heute der Vorstellung, die wir uns von Teleosauridae gemacht haben: Sie sahen nicht nur so aus wie Krokodile, sie waren welche. Ungewöhnlich an ihnen waren letztlich nur die Vorderbeine, die reichlich verkürzt ausfielen.

Die Hawkins-Statuen deuten das an, aber sie gehen nicht weit genug – die Vorderbeine erreichten nur die Hälfte der Länge der hinteren Gliedmaßen. Womöglich empfand der Bildhauer das als zu großes Ungleichgewicht, heute würde man die Vorderbeine dieser Tiere kürzer darstellen. Ansonsten: So wie im Dinosaur Court gezeigt sahen die Tiere wohl auch aus.

Wissenswertes: Die ältesten Vertreter der Teleosauridae traten im Unterjura, vor etwa 183 Millionen Jahren auf. Die Gruppe sollte etwa 30 Millionen Jahre überleben.

Teleosaurier gehören auch zu den ersten als archaisch erkannten Tieren der „Vorzeit": Erstmals beschrieben wurden sie schon 1758 als „eine Art Alligator", der „an ein Ganges-Krokodil oder Gavial erinnert".

Heute würde man einen Teleosaurus ein Salzwasserkrokodil nennen: Sie lebten wohl ausschließlich im Meer sowie küstennah in Flussmündungsnähe. Aus der Verkürzung der Vorder- und dem kräftigen Ausbau der Hinterglieder schloss Richard Owen ganz richtig, dass Teleosaurier nicht nur gute, schnelle Schwimmer gewesen sein mögen, sondern auch nur sehr selten an Land gingen.

Ansonsten nehmen wir sie selbst heute nicht wirklich als „exotisch" wahr: Sie unterscheiden sich zu wenig von heute lebenden Krokodilen. Die Ehre, Teil der Crystal-Park-Ausstellung zu werden, verdankten sie einem ganz profanen Grund: Teleosaurier waren britische Krokodile. Gefunden wurden die ersten Fossile im Boden des heutigen Yorkshire – und das kam den Zeitgenossen wahrlich seltsam genug vor. Die Vorstellung, dass Teile ihrer Insel einst Meeresboden waren und andere von tropischem Dschungel bestanden, fiel nicht jedem viktorianischen Gentleman leicht.

Prinzipiell hätte man weit „exotischere" Tiere als Vertreter archaischer Krokodile wählen können: Sie stammen von landlebenden Archosauriern ab, deren mächtigste Vertreter vor 250 Millionen Jahren die ökologischen Nischen besetzten, die später von den Raubsauriern besetzt werden sollten. Es waren teils furchterregende, flinke, auf hohen Beinen rennende Räuber, deren größte wie Zehn-Meter-Krokodile auf Stelzen daherkamen.

„Frühkrokodil" Hesperosuchus: Hochbeiniger, flinker Landjäger. Creative Commons/Nobu Tamura (http://spinops.blogspot.com)

Vor rund 230 Millionen Jahren spaltete sich die Entwicklungslinie der Crocodylomorpha von dieser Gruppe ab. Sie brachten zunächst kleinere, aber extrem variantenreiche Formen hervor. Manche von ihnen mögen sich – ähnlich wie viele Dinosaurier – sowohl vier- als auch zweibeinig bewegt haben. Sie unterschieden sich meist deutlich von heutigen Krokodilen und waren agile Landjäger.

Vor circa 190 Millionen Jahren suchten mehrere Entwicklungszweige dieser „Frühkrokodile" den Weg zurück ins Wasser, und Teleosaurier setzten unter ihnen keineswegs die Superlative oder Extreme.

Metriorhynchus superciliosum: pfeilschneller mariner Killer des Jura. Copyright: Dmitry Bogdanov – dmitrchel@mail.ru/Creative Commons

Die können zum einen die Metriorhynchidae für sich verbuchen:

Vor rund 166 Millionen Jahren trieben sie die Anpassung ans Meer so weit, dass diese Krokodile äußerlich kaum mehr als solche zu erkennen waren. Aus der Distanz hätte man sie für Ichthyosaurier oder Wale halten können. Wie diese waren auch Metriorhynchidae komplett marin: Man geht heute davon aus, dass sie die Hochsee bewohnten und sich den Küsten kaum näherten.Die größten Krokodile aller Zeiten aber waren direkte Konkurrenten der mächtigsten aller Raubsaurier: Tiere wie Sarcosuchus oder Deinosuchus mussten mit Längen von 12, vielleicht sogar 15 Metern und Gewichten bis zu acht Tonnen kein Tier der Kreidezeit fürchten. Sie waren neben mächtigen Raubsauriern wie T-rex Anwärter auf die absolute Spitzenposition in der Nahrungskette ihrer Zeit.

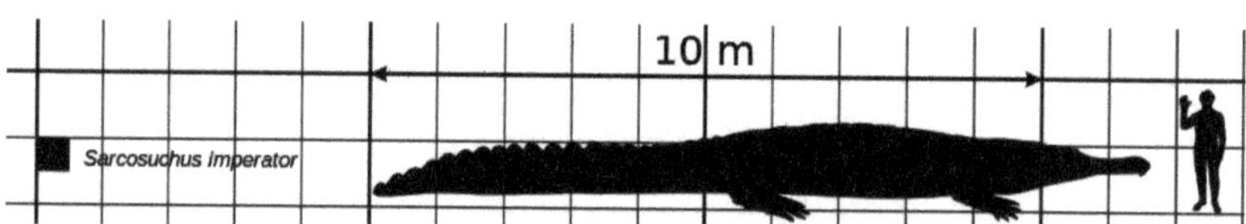

Größenvergleich: Mensch versus Riesenkrokodil Sarcosuchus. Copyright: Smokeybjb/Patalong/Creative Commons

Noch größer wurden nur die Krokodile des Miozän, nach dem Ende der Dinosaurier. Zu ihrer Zeit dürften sie konkurrenzlos gewesen sein: Bis vor etwa acht Millionen Jahren waren Monstren wie Rhamphosuchus oder Purussaurus die vielleicht mächtigsten Räuber, die man an Land je fürchten müsste. Die Schätzungen divergieren, aber manche Forscher halten bei ihnen Längen von bis 18 Meter für denkbar – und Kampfgewichte, die entsprechend über neun Tonnen lagen.

Megalosaurus

Jura, ca. 168,3 bis 166 Millionen Jahre

Lage und Aussehen: Linke der „Dinosaurierinseln", dort rechts lauernd: eine gedrungene Gestalt, halb Waran, halb ohrenloser Rottweiler vor dem Sprung.

Copyright: Patalong

Richtiges und Falsches: Megalosaurus ist, wenn man so will, die „falscheste" Rekonstruktion unter den vier Dinosauriern des Dinosaur Court. Wenn man seine Gestalt mit modernen Rekonstruktionen vergleicht, ist es fast beeindruckend, wie man von den gleichen fossilen Resten ausgehend zu dermaßen unterschiedlichen Rekonstruktionen hat kommen können: Megalosaurus sah wohl so aus, wie wir uns heute einen „klassischen" Raubsaurier des T-rex-Typus vorstellen. Solche zweibeinig rennenden Räuber waren 1850 aber noch nicht bekannt – es war eine noch nicht existente Vorstellung. Megalosaurus selbst lag den Paläontologen auch nur sehr fragmentarisch vor: Man kannte vor allem Teile des Kiefers und ansonsten nur einzelne Knochen. Hawkins und Owens Vorstellung vom Megalosaurus beruhte also vor allem auf Vermutungen – und sie orientierten sich dabei an Reptilien, so wie sie diese kannten.

Heutige Vorstellung von Megalosaurus. Der Kopf ist weiterhin weitgehend hypothetisch und hier analog zu Räubern wie T-rex gestaltet. Copyright: LadyOfHats Mariana Ruiz/Creative Commons

Wissenswertes: Wahrscheinlich war der untere Teil eines Oberschenkelknochens von Megalosaurus der erste fossile Dinosaurierknochen, der je in einer wissenschaftlichen Abhandlung thematisiert wurde. 1677 beschrieb und zeichnete Robert Plot in seiner „Naturgeschichte von Oxfordshire" einen mysteriösen, beeindruckend großen Knochen, den er einem römischen Kriegselefanten zuordnete. Bald darauf kam die Theorie auf, das Fragment habe vielmehr zum Bein eines „biblischen Riesen" gehört.

1763 nahm sich der Mediziner Richard Brookes die Zeichnung des Fossils noch einmal vor und zeigte sie in seiner sechsbändigen Naturgeschichte. Brookes war offenbar nicht humorlos und gab dem noch immer rätselhaften Knochenfragment eine lateinische Bezeichnung, zu der ihn offenbar eine optische Ähnlichkeit inspirierte: Scrotum humanum, also „menschlicher Hodensack".
Weniger scherzhaft beschäftigte sich dann von 1815 bis 1824 William Buckland zwar nicht mit *diesem* Knochen, wohl aber mit anderen Überresten seines ehemaligen Besitzers: anhand eines bereits 1797 gefundenen Unterkiefers und anderer fragmentarischer Fossile beschrieb und benannte er Megalosaurus – und damit den ersten Dinosaurier, den man gefunden und als Überrest eines archaischen Lebewesens erkannt hatte.

Auf die Idee, dass es sich bei den mysteriösen Wesen um riesige, landlebende Reptilien gehandelt haben könnte, hatte ihn 1818 der berühmte französische Naturforscher George Cuvier gebracht, dem er die Knochen zeigte. Die, meinte Cuvier, sähen aus wie überdimensionale Leguan-Knochen – eine Vorstellung, die man später auch noch in Hawkins Statuen wiedererkennt. Buckland nahm Cuviers Anregung auf und entwickelte sie zusammen mit William Conybeare fort.

Kein Elefant, kein biblischer Riese, und definitiv kein „Scrotum humanum": 1677 wurde ein Megalosaurus-Fragment zum ersten je in wissenschaftlichem Kontext gezeigten Dinosaurier-Fossil. Copyright: Creative Commons

Megalosaurus lebte im Jura, vor circa 166 Millionen Jahre im heutigen südlichen England. Vom Typus her entsprach er den zweibeinigen Raubsauriern, wie sie bis heute jedes Kind kennt und liebt, war aber nicht außergewöhnlich groß: Bei einer Länge von höchstens sieben Metern hätte er etwas mehr als eine Tonne auf die Waage gebracht.

Hawkins Vorstellung beruhte auf Skizzen von Richard Owen, die den Megalosaurus als eine Art langschnäuzigen Schweinehund zeigten – ein begnadeter Illustrator war Owen eher nicht:

Richard Owens Megalosaurus-Version von 1854. Copyright: gemeinfrei

Hawkins entwickelte dieses Bild fort zu dem Wesen, das man heute im Crystal Palace Park sieht. Seine Statuen prägten das Bild dieser Saurier für Jahrzehnte. So waren beispielsweise die Bilder, mit denen Samuel G. Goodrich seine „Illustrated natural history of the animal kingdom" von 1861 versah, nichts anderes, als direkt von den Hawkins-Statuen inspirierte Szenen.

Bei Goodrich hat Megalosaurus eine Menge des oben angedeuteten Kampfhund-Charakters: Richard Owen hatte Megalosaurus auf rund zehn Meter Länge geschätzt, bei Goodrich und Hawkins ist schon das Maul der Bestie groß genug, einen Erwachsenen zu verschlucken.

Goodrich-Megalosaurus: Von den Hawkins-Statuen mehr als nur inspiriert. Copyright: Creative Commons

Das empfand man im viktorianischen Zeitalter als ziemlich furchterregend, die vermutet mörderische Bestie beflügelte die Phantasien der Öffentlichkeit. Mit ihrer Rekonstruktion durch Hawkins wurde darum auch eine weitere Tradition begründet:

Gezeichnet stellte man Dinosaurier bald vorzugsweise in martialischen Kampfszenen dar. Eine der ersten und bis heute bekanntesten war Édouard Rious tödlicher Kampf zwischen Megalosaurus und einem (nicht weniger schrägen, ebenfalls auf den Hawkins-Statuen beruhenden) Iguanodon, den er 1863 für Louis Figuiers „La Terre avant le déluge" zeichnete.

Iguanodon versus Megalosaurus: Die Saurier auf Édouard Rious Abbildung von 1863 sind nah an Hawkins „Vorlagen". Copyright: Creative Commons

Édouard Riou war kein wissenschaftlicher Illustrator: Als solcher hätte er damals so wenig wie heute seinen Lebensunterhalt verdienen können. So etwas war für den Kunstmaler vielmehr ein Zubrot – so, wie auch seine Arbeiten als Buchillustrator.

So bebilderte er allein sechs Bücher seines Landsmanns Jules Verne – und darunter natürlich auch die „Reise zum Mittelpunkt der Erde" von 1864 – man kann sich da fragen, wer da alles von wem inspiriert wurde. Die Reise war vermutlich das erste Buch, in dem Dinosaurier einen literarischen Auftritt erfuhren.

Riou nutzte die Schilderung des Kampfes der Wasser-Echsen, eine der dramatischsten Szenen des bebilderten Romans, für eine gewohnt Hals-beißerische Variante seines Saurier-Kampfes:

Anderes Biotop, gleiche Sitten: Riou stellte sich die „Vorzeit" offenbar als eine Zeit akuter Halsschmerzen vor. Copyright: Creative Commons

Verne selbst gab als Inspiration zur „Reise" ein Buch des Evolutionsforschers Charles Lyell an, „The Geological Evidence of the Antiquity of Man" von 1863. Das gilt aber nur für die Szenen und Schilderungen, in denen sich Verne auf Vormenschen – die in seinem Buch als Riesen auftauchen – sowie eiszeitliche Fauna bezieht. Seine Vorstellungen von Flugsauriern sowie Ichthyo- und Plesiosauriern, die er einen tödlichen Kampf ausfechten lässt, bezog Verne eher aus der zeitgenössischen Literatur und Presse – und die war in den 1860ern noch weitgehend von Hawkins „Monstern" geprägt.

Endlich zweibeinig: Megalosaurus anno 1892. Copyright: Joseph Smit /Creative Commons

Bis es Megalosaurus endgültig in die Vertikale schaffte, sollte noch einige Zeit vergehen. Zu den ersten Abbildungen, die unseren heutigen Vorstellungen zumindest nahe kommen, gehört der Megalosaurus des niederländischen Illustrators Joseph Smit von 1892: Erst im letzten Jahrzehnt des 19. Jahrhunderts sollte sich die Vorstellung vom Dinosaurier so grundlegend ändern. Alle paläontologischen Rekonstruktionen beruhen eben stets auf begründeten Vermutungen auf Basis des jeweils aktuellen Wissensstandes. Das ist okay, solange man sich darüber bewusst ist. Heutige Paläontologen kennen ihre Grenzen, sie haben in den letzten 25 Jahren rapide Veränderungen erlebt. William Buckland, der Erstbeschreiber des Megalosaurus, kannte seine noch nicht.

Im Jahr 1824 schrieb er über sein „Leguan-artiges Reptil" : „Obwohl bisher kein vollständiges Skelett gefunden wurde, wurden in den selben Steinbrüchen doch so viele perfekt erhaltene Knochen und Zähne entdeckt, das wir mit der Form und Größe seiner Glieder fast so vertraut sind, als hätte man sie in einem einzigen Steinblock präserviert gefunden."

So kann man sich irren.

Iguanodon

Kreide, ca. 139 bis 113 Millionen Jahre

Lage und Aussehen der Statuen: Linker Rand der Dinosaurier-Insel (1), zwei Tiere: Eines erhöht stehend, das andere quasi auf den Hinterbeinen kauernd und sich mit einer Pranke an einer Pflanze festhaltend.

Copyright: Patalong

Richtiges und Falsches: Hawkins folgte bei der Rekonstruktion des Iguanodon den Vorstellungen von Gideon Mantell, der das Tier 1822 gefunden und 1824 erstmals beschrieben hatte. Zu diesem Zeitpunkt waren vergleichsweise wenige, ab 1809 an verschiedenen Orten gefundene Knochen bekannt, vor allem

aber Zähne. An denen hatte Mantell erkannt, dass Iguanodon
eine vorzeitliche, riesige Echse gewesen sein musste, denn sie
ähnelten denen eines Grünen Leguan – im Englischen Iguana genannt, woraus Mantell die Bezeichnung Igunaodon ableitete.

Basierend auf der Ähnlichkeit der Zähne vermutete Mantell
auch andere körperliche Analogien und stellte sich das Iguanodon als gigantischen Leguan vor. Nur mit diesem seltsamen,
riesigen Dorn, der gefunden worden war, wusste er so recht
nichts anzufangen – und setzte ihn dem Iguanodon auf die Nase.

Diese Irrtümer sollten noch Jahrzehnte Bestand haben, erst
Ende des 19. Jahrhunderts setzte sich ein neues, nicht weniger
falsches Bild vom Iguanodon durch, dass dieses als vornehmlich
auf zwei Beinen laufendes Wesen zeigt. 1892 zeichnete der nie-
derländische Illustrator Josef Smit das Iguanodon als eine Art
Echsen-Giraffe, die aufrecht stehend Palmen abgraste.

So stellte man sich das Iguanodon für die nächsten 100 Jahre
vor: Als primär zweibeinigen Pflanzenfresser, der sich nur ab und
zu auch auf die deutlich kürzeren Hinterläufe herab ließ. Zumindest den Dorn, den Hawkins ihm wie bei einem Nashorn auf den
Vorderschädel gesetzt hatte, war dahin gewandert, wo er hinge-
hört: Das vermeintliche Horn ist der zu einer Hieb- und Stich-
waffe ausgebaute Daumen eines Wesens, das wir uns heute

weitgehend friedlich vorstellen.

Anders, als man noch vor wenigen Jahren dachte, lag Hawkins aber in einer Hinsicht richtig: Iguanodon lief wohl wirklich auf vier Beinen und richtete sich nur bei Bedarf auf.

Wissenswertes: Es gibt gleich zwei Legenden der Wissenschaftsgeschichte, die sich um Hawkins Iguanodon-Darstellung ranken. Die erste erzählt von der Art und Weise, wie Gideon Mantell das Fossil entdeckte: Angeblich sah er es zum ersten Mal in den Händen seiner Frau.

Mantell war praktizierender Arzt und als Paläontologe ein Quereinsteiger. Bereits als junger Mann sammelte er in Südengland gelegentlich marine Fossilien, doch als er von Mary Annings spektakulären Funden hörte, wurde die Fossilsuche zur Passion. So soll es gekommen sein, dass auch seine Frau Mary Ann ein Auge für versteinertes Leben entwickelte. Angeblich fielen ihr auf einem Spaziergang einige seltsame Steine auf, die sehr nach Zähnen aussahen und die sie ihrem Mann mitbrachte. Der erkannte schnell, dass sie Leguan-Zähnen ähnelten und entwickelte die Theorie, dass sie folglich riesigen Leguanen gehört haben mussten. Verbrieft ist diese Geschichte, die auch Richard Owen in seinem kleinen Führer zu den Crystal-Palace-Statuen wiedergibt, jedoch nicht.

Josef Smits Iguanodon (1892): Anders, aber auch noch falsch.

Copyright: gemeinfrei

Was man sicher weiß ist, dass Mantell die Zähne und weitere Knochen, die bald dazu kamen, zwei Jahre lang analysierte, bevor er es wagte, seinen Entwurf des Iguanodon, des „Leguan-Zahn" zu veröffentlichen. Das war 1822 und der Beginn der systematischen Beschäftigung mit archaischen Reptilien – wenn man so will, begründete Mantell mit seinem Iguanodon die Dinosaurierkunde. Diesen Sammelbegriff sollte freilich erst Richard Owen einführen, Jahre später.

Ein Bild des Iguanodon veröffentlichte Mantell selbst nie, obwohl er eine bildliche Vorstellung des Tieres hatte. Diese zu Mantells Lebzeiten unveröffentlichte Skizze von 1832 fand man nach seinem Tod in seinen privaten Unterlagen:

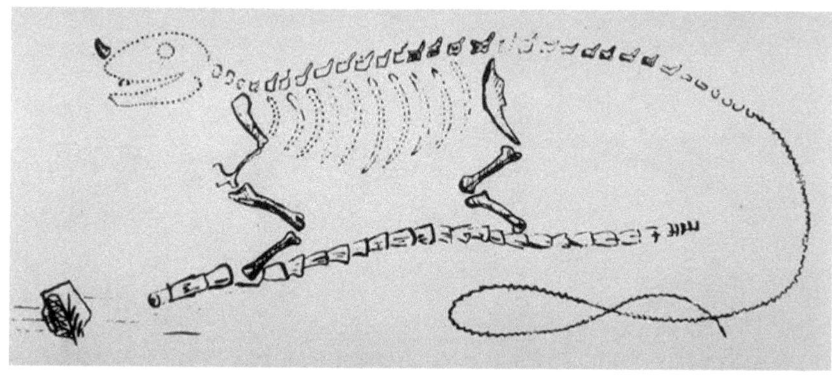

Iguanodon-Zeichnung von Gideon Mantell, 1832. Copyright: Creative Commons

Vergangenes Leben zeichnerisch zu rekonstruieren war in der Wissenschaft zu diesem Zeitpunkt unüblich, auch Cuvier und andere beschränkten sich auf Skizzen von Knochen, Fossilen und allenfalls sehr schematische Umrisse. Für mehr, so empfanden das die frühen Forscher, fehlte meist die „Datenbasis" - zu lückenhaft war der fossile Befund.

Auch Mantells Rekonstruktion war ja hochgradig hypothetisch: Viel mehr als ein paar Knochen der Wirbelsäule, der Gliedmaßen und den „Dorn", den er auf die Nase des Tieres setzte, hatte er nicht. Doch bald schon fanden auch andere fossile Überreste des Iguanodon und eng verwandter Arten. Richard Owen begann, sich dafür zu interessieren, nach einer Analyse von Iguanodon-Fossilien definierte er den Begriff Dinosaurier – im hitzigen Streit mit Mantell über Art und Herkunft dieser Tiere, denn der junge Owen lehnte die Idee einer Evolution noch strikt ab.

Er sollte sich später korrigieren. Im Streit mit Mantell aber behielt er insofern die Überhand, als dass er mit seiner Beschreibung die Vorstellung vom Iguanodon als massigem, Leguan-artigen Riesen prägte, wie ihn Hawkins später auf die Crystal-Palace-Inseln setzen sollte. Mantell erkannte kurz vor seinem Tod, dass diese Beschreibung nicht richtig war, war aber schon zu krank, um sich noch zu Gehör bringen zu können. So baute Hawkins Iguanodone nach Owen'scher Beschreibung, die schon überholt waren, bevor sie fertig wurden – und diese falsche Vorstellung des in Wahrheit viel grazileren Tieres auf Jahrzehnte prägten.

Moderne Darstellung eines Iguanodon: Kuh der Kreidezeit, bei Bedarf aufrecht. Copyright: LeCire/gemeinfrei

Die zweite Legende um das Iguanodon ist die vom berühmtesten Abendessen der Wissenschaftsgeschichte. In die Welt gesetzt hat sie der Bildhauer Waterhouse Hawkins selbst – mit einem Trick, den man heute als Medien-Steilvorlage bezeichnen würde.

Hawkins erwies sich dabei als PR-Genius in eigener Sache. Schon am Silvesterabend 1853, Monate vor Eröffnung der Dinosaurier-Ausstellung im Crystal-Palace-Park, schmiss er eine Party in seiner Werkstatt. Er lud 21 illustre Gäste – darunter die wichtigsten Finanziers des Projektes - zu einem festlichen „vorsintflutlichen" Mahl und Umtrunk in der Gussform eines Iguanodons ein. Zumindest virtuell saßen, durch ihre Namensschilder repräsentiert, auch die inzwischen verstorbenen Mantell und Cuvier mit am Tisch – und dazu natürlich die Presse.

Die verewigte das Event in deutlich geschönter und übertriebener Form: Statt in der Gussform bildete sie die Feiergemeinde in einem Saurier sitzend ab und blies den dann zu Dimensionen auf, die groß genug waren, allen Gästen Platz zu bieten.Die Zeichnung, die die Zeitungen von dem nach allen Aussagen durch reichlich geistreiche Getränke aufgeheiterten Essen veröffentlichten, ist dabei sogar ehrlicher, als die Schilderung des des weinseligen Schwoofs in den Artikeln darüber.

Wenn man genau hinsieht, erkennt man, dass nur wenige der Männer vorn in der Form sitzen. Die scheint nach hinten hin geöffnet worden zu sein, wahrscheinlich stand dort ein längst stehender Tisch, um den sich das Gros der Festgesellschaft versammelt hatte. Ganz hinten am Kopfende sieht man dann den Gastgeber bei einem Toast oder seiner Festrede.

Das mythische Silvester-Dinner im Iguanodon, aus "The Illustrated London News" vom 7. Januar 1854. (Copyright: Creative Commons)

So wie im Artikel geschildert, mit 21 Männern im Rücken eines Iguanodon sitzend, kann das Dinner jedenfalls nicht gelaufen sein. Diesen falschen Eindruck hat Hawkins anfänglich auch gar nicht erweckt – das war eine Übertreibung der Presse, die Hawkins allerdings gern und dankend annahm.

Tatsächlich zeichnete er selbst rund zehn Jahre später noch ein aufwändigeres Bild des Dinners, das auf der Zeitungs-Grafik beruhte und die Gäste gänzlich im Inneren des Iguanodons zeigte. Die halbe Medien-Ente war zu einer veritablen Legende herangewachsen, für deren Verbreitung nun auch Hawkins selbst sorgte.

Die hält sich seitdem hartnäckig und kann in zahlreichen Büchern und Artikeln nachgelesen werden. Wer ihren Wahrheitsgehalt nachprüfen will, kann dies heute allerdings sogar selbst tun – mit den eigenen Pobacken.

Denn im Dinosaurierpark Münchehagen in Niedersachsen steht auf einem Spielplatz eine maßstabsgetreue Replik des legendären „Festmahl-Iguanodons" - inklusive Sitzgelegenheit im Kunststoff-Rücken: Mehr als zehn Erwachsene bekäme man da definitiv nicht hinein.

Replika von Hawkins „Festmahl-Iguanodon" in Originalgröße im Dinopark Münchehagen: Platz für 21 Gäste? Copyright: Patalong

Seinen Zweck hatte das Dinosaurier-Dinner jedenfalls erfüllt.
Hawkins hatte nicht nur seine Finanziers, Kollegen, potentielle
Kritiker und die Presse feucht-fröhlich freundlich gestimmt. Er
hatte damit auch eine schicke Legende geschaffen, die die Span-
nung vor Eröffnung des Parks noch einmal erhöhte.

Gewohnt lakonisch-bissig kommentierte übrigens die Satirezeit-
schrift „Punch" das öffentlichkeitswirksame Gelage: „Wir be-
glückwünschen die Festgemeinde zu der Zeit, in der sie lebt.
Denn wenn das Essen in einer früheren geologischen Ära statt-
gefunden hätte, hätten die Herren die Innereien des Iguanodon
womöglich gefüllt, ohne etwas zu Essen zu bekommen."

Dinosaurier, das zeigt der Absatz, wurden damals komplett als
mörderische „Monster" verbucht – denn dass Iguanodon ein
Pflanzenfresser war, wusste natürlich schon sein Entdecker Gideon Mantell.

Hylaeosaurus

Kreide, ca. 139,3 bis 134 Millionen Jahre

Lage und Aussehen der Statue: Zwischen den Iguanodonen und dem Megalosaurus, dem Betrachter leicht abgekehrt. Auch dieser Dinosaurier hat eine Leguan-artige Gestalt. Hervorstechendstes Merkmal: die scharfen Spitzen, die die Mitte des Rückens als eine Reihe von „Dornen" herablaufen.

Hylaeosaurus: Abbildung aus Samuel Griswolds „Illustrated Natural History of the Animal Kingdom" von 1859, eine getreue Darstellung der Hawkins-Statue im Crystal Palace Park. Copyright: gemeinfrei

Richtiges und Falsches: Was Hawkins basierend auf einer Beschreibung von Gideon Mantell richtig erkannte war, dass

Hylaeosaurus ein eher flach gebauter, in irgendeiner Weise gepanzerter Dinosaurier war. Auch die Größe des Tieres leitete er aus der Größe gefundener Wirbelsäulenabschnitte korrekt ab.

Bei der Gestalt des Tieres griff er jedoch daneben: Wieder hatten Forscher und Bildhauer sich an den Körperformen vertrauter, lebender Reptilien orientiert. Richtig gewesen wäre ihn etwas flacher zu legen, ihm einen kräftigen Rückenpanzer zu geben und den mit dolchartigen Spitzen rund um den Hals und im Schulterbereich zu spicken. Hylaerosaurus war eine stark gepanzerte Echse, vergleichbar dem weit bekannteren Ankylosaurus, der wie eine Mischung aus Gürteltier und Schildkröte daherkam – nur eben mit mächtigen Verteidigungs-"Dornen" bewaffnet.

Wissenswertes: Hylaeosaurus war eine von drei Spezies, anhand derer Richard Owen die Merkmale der Dinosaurier definierte. Gefunden wurde das erste Fossil 1832 in einem südenglischen Steinbruch. Gideon Mantell kaufte die Bruchstücke des Fossils auf und begann mit ihrer Präparation und Beschreibung. Zu dieser Zeit galt Hylaeosaurus, obwohl nur Teile der Wirbelsäule als vollständigstes, je gefundenes Skelett einer landlebenden archaischen Echse.

Es blieb allerdings bei diesem einen, relativ umfangreichen Fund. Wie genau Hylaeosaurus ausgesehen haben mag, ist bis zum heutigen Tag weitgehend Spekulation. Man geht davon aus, dass er typische Merkmale der Panzerechsen aufwies: Eine eher geduckte, gedrungene Gestalt, eine starke Rückenpanzerung und dazu ein Art Kranz mächtiger Dornen, die vor allem Hals und Kopfbereich schützten.

Zeitweilig unterschied man bis zu vier Unterarten des Hylaeosaurus, inzwischen geht man nur noch von einer gültigen Art aus, dem Hylaeosaurus armatus. 2013 beschrieben zwei deutsche Paläontologen einen Fund bei Gronau, Westfalen, der die Vermutung der Hals- und Schulter-Dornen bestätigte.

Dem Publikum stets abgewandt: Hawkins Hylaeosaurus zeigt uns vor allem sein (fälschlich) zackiges Hinterteil.
Copyright: Patalong

Pterodactyl

Jura bis Kreide, 201 bis 136 Millionen Jahre

Lage und Aussehen der Statuen: Links hinter den Iguanodonen erhöht auf einem Felsplateau. Zwei grazile Reptilien mit Fledermaus-artigen, gerundeten Schwingen und langen, dünnen Hälsen.

Pterodactyl: Eines der Tiere wurde von Vandalen beschädigt, eigentlich sollte beide einen „Schnabel" tragen.

Copyright: Patalong

Richtiges und Falsches: Die Figuren werden in unterschiedlichen Posen gezeigt, und überraschend „richtig" ist vor allem die sitzende: So oder sehr ähnlich falteten solche Flugsaurier wohl ihre Flügel. Auch die generelle Gestalt kommt heutigen Rekonstruktionen weitgehend nahe: Kein Wunder, denn tatsächlich werden Fossile dieser kleinen Flugechsen überraschend oft sehr vollständig gefunden.

Wo Richard Owen (und darum auch Hawkins) irrte, war die Hautbedeckung der Raubsaurier „oder Drachen", wie Owen schrieb: „Sie waren mit Schuppen bedeckt, nicht mit Federn." Da ist man heute nicht mehr so sicher: Viele Flugsaurier hatten ein „Fell" aus Protofedern ohne Kiel, und das galt möglicherweise auch für Pterodactylus. In modernen Visualisierungen werden die Echsen oft knallbunt dargestellt.

Wissenswertes: Auch Pterodactylus gehört zu den sehr früh und oft gefundenen Fossilien. Die Erstbeschreibung erfolgte bereits 1784 durch den italienischen Naturforscher Cosimo Collini, der im bayrischen Solnhofen eine Platte mit einem recht vollständigen Fossil gefunden hatte. Das deutete er nach bestem Wissen, aber davon gab es eben noch nicht viel: Collini beschrieb den grazilen Knochenhaufen als Lebewesen, dass auf dem Wasser lebte und seine bizarr verlängerten Vordergliedmaßen zum Paddeln benutzte.

16 Jahre später sah sich der in Straßburg lehrende Medizinprofessor Johann Herrmann Collinis Aufzeichnungen und Fossile an und kam zu einem anderen Schluss: Dieses Tier, entschied er,

war einst geflogen! Er schrieb seine Beobachtungen in einem
Brief an George Cuvier auf und schickte dem berühmten Naturforscher zudem eine selbst gezeichnete Skizze davon, wie er sich
Pterodactylus vorstellte. Das Bild – eine der ersten „Lebend-Dar-
stellungen" eines ausgestorbenen Tieres und die erste versuchte Abbildung eines Flugsauriers – wirkte offenbar noch nach, als
Hawkins an seiner Rekonstruktion arbeitete: Zeichnung und Statue zeigen offensichtlich das gleiche Tier.

**Johann Herrmanns Pterodactylus von 1800: Haariger Prototyp
der Pterosaurier-Rekonstruktion.** Copyright: gemeinfrei

Kein Wunder, hatte Herrmanns Rekonstruktion doch höchste
Weihen erfahren: George Cuvier erkannte und beschrieb den

Pterodactylus basierend auf Hoffmanns Analyse 1809 als Flug-Reptil. Hoffmann war noch davon ausgegangen, dass dieser mysteriöse Flieger ein Säugetier gewesen sei, weshalb er ihm auch ein dünnes Fell gab – eine Vorstellung, die modernen Darstellungen verblüffend nahe kommt.

Cuviers Analyse sorgte für eine Rasur der Rekonstruktion, und nun galt es als Tatsache, dass dereinst nicht nur im Wasser und an Land, sondern auch in der Luft Echsen gelebt hatten, die in der Gegenwart nicht mehr existierten.

Doch die gaben weiterhin jede Menge Rätsel auf. Die Flügel wurden, wie Cuvier und später Richard Owen richtig analysierten, von einem bizarr verlängerten kleinen Finger einer ansonsten weitgehend rückgebildeten Hand gespannt, der folglich enorme „Kraft und Stabilität" gehabt haben musste. Cuvier hatte die ganze Art nach diesem Finger benannt: „Pterodaktulos" bedeutet „geflügelter Finger".

Doch wie, sollten sich die Naturforscher und Paläontologen noch über Jahrzehnte fragen, hatten sich diese Tiere mit so einem Flügelapparat in die Luft erhoben? Es war eine der Fragen, die unter anderem auch den britischen Paläontologen William Buckland umtrieben.

1836 brachte er die vorherrschende Theorie als Zeichnung zu

Bucklands gezeichnete Erklärung des Pterodactylus-Fluges (1836): Mühsam hoch, schnell wieder runter? Copyright: gemeinfrei

Papier: Buckland ging davon aus, dass es Flugechsen nie geschafft hätten, sich aus eigener Kraft empor zu schwingen. Sie seien vielmehr Felsen hinaufgeklettert, um sich von oben wieder herab zu stürzen. Es war eine Vorstellung, die gut zu dem Bild passte, das man sich ganz allgemein von „vorzeitlichen" Lebewesen machte: Sie galten als primitiv.

Heute sieht man Pterosaurier als höchst erfolgreiche Tiergruppe, sie waren die Pioniere der Lüfte. Flugsaurier existierten für rund 170 Millionen Jahre, heute kennen wir über 100 Spezies, deren kleinste es auf Flügelspannweiten von knapp 35 Zentimeter brachten, während die größten sich mit Spannweiten von 13 Metern in die Thermik schraubten.

Und Pterodactylus, den es rund 65 Millionen Jahre lang gab, war ein Erfolgsmodell unter ihnen: Mit Flügelspannweiten von höchstens 75 Zentimetern war er ein kleiner, aber weit verbreiteter Flieger: Fossile fand man nicht nur in England und Deutschland, sondern auch in Tansania.

Die Entwicklung der Flugsaurier führte jedoch in eine evolutionäre Sackgasse. Sie starben – anders als die Dinosaurier – am Ende der Kreidezeit aus. Mit den Vögeln sind sie nicht nahe verwandt: Die entwickelten sich aus den zweibeinig laufenden Raubsauriern.

Flugsaurier gehörten zu den fremdartigsten, oft geradezu bizarren Lebewesen der Vorzeit. Wer also schon die zwei Flugechsen-

Statuen des Dinosaur Court für seltsam hält, ist auf dem Holz-
weg: Pterosaurier waren viel bizarrer, als sich Owen und
Hawkins vorstellen konnten.

Mosasaurus

Kreide, ca. 83,6 bis 66 Millionen Jahre

Lage und Aussehen der Statue: Ganz links am hinteren Rand der zweiten Insel: Nicht viel mehr als ein Kopf, der aus dem Wasser schaut. Keine der Statuen ist für die Besucher schlechter zu sehen, sie liegt quasi halb hinter der Insel im Wasser. Je nach Bewuchs sieht man nur ihren Kopf durchs Gestrüpp.

Mosasaurus: Mehr ein Platzhalter als wirklich eine Rekonstruktion. Copyright: Andrew Wilkinson/Creative Commons

Richtiges und Falsches: Dass Mosasaurus kaum zu sehen ist, war Absicht. Von keiner im Dinosaur Court dargestellten Spezies gab es zum Zeitpunkt der Konstruktion weniger erhaltene Artefakte. „Von diesem Tier", schrieb Owen, „wurde ein fast vollständiger Kopf entdeckt, aber nicht genug vom Rest des Skeletts, um zu einer vollständigen Restauration zu führen."

Also beschränkten sich Owen und Hawkins auf den Kopf, der aber ebenfalls eher allgemein nach Reptilienkopf aussieht, ohne besondere Merkmale. Ob Owen oder Hawkins das Originalfossil kannten, das zu dieser Zeit in Paris aufbewahrt wurde, ist nicht ganz klar: Die Proportionen des Schädels sind ihnen jedenfalls nicht recht gelungen.

In Wahrheit waren Mosasaurier, von denen heute rund drei Dutzend Arten bekannt sind, walähnlich gebaute Meeresechsen von teils erheblicher Größe, die zu den gefährlichsten Räubern gehört haben dürften, die jemals in unseren Ozeanen schwammen. Am Ende der Kreidezeit waren sie die führenden Meeresräuber, besetzten die absolute Spitze der Nahrungskette. Die kleinsten Arten brachten es auf einen Meter Länge, die größten könnten aber 18 Meter Länge erreicht haben.

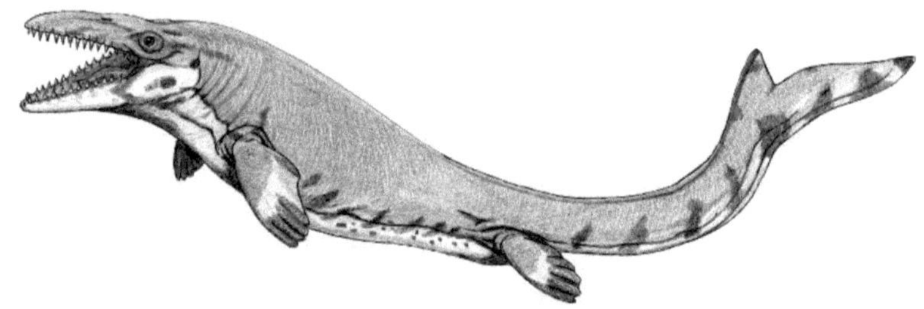

Mosasaurus beaugei: Top-Jäger der kreidezeitlichen Meere.
Copyright: Dmitry Bogdanov/dmitrchel@mail.ru/Creative Commons

Wissenswertes: Von allen frühen Dinosaurier-Funden hat Mosasaurus vielleicht die schrillste Fundgeschichte. Das erste Fossil, ein Teil eines Schädels, wurde 1764 von dem Soldaten Jean Baptiste Drouin gefunden und landete im Museum zu Haarlem, wo es von Martinus van Marum untersucht und als „großer, atmender Fisch" klassifiziert wurde – man hielt Mosasaurus für einen Wal. Erst erheblich später erkannte man, dass im Haarlemer Museum eines der ersten Meeresechsenfossile überhaupt lagen.

Bald nach diesem ersten Fund kam es ganz in der Nähe zu einem zweiten. Über den Fund dieses etwas vollständiger erhaltenen Schädels gibt es mehrere Versionen einer wilden Geschichte, die sich im Detail heute kaum mehr nachprüfen lässt.

Die bekannteste Version geht so: Im Jahr 1770 arbeitete Johann Leonard Hoffmann als Militärarzt in Maastricht, das damals deutsches Gebiet war. Irgendwann hörte er von einem eigentümlichen Fossil, das Steinbrucharbeiter aus dem Fels gebrochen haben sollten. Niemand wusste den Fund einzuordnen, bei dem es offenbar um einen mächtigen Schädel ging.

Hoffmanns Neugierde war geweckt: Er machte den Fund ausfindig, kaufte ihn und begann mit seiner Präparation und Analyse. Lange konnte er sich allerdings nicht daran erfreuen, denn ein Kirchenmann von hohem Rang, Theodorus Joannes Godding,

Domherr zu Maastricht, machte Rechte geltend, die sogar die Bodenschichten unter dem Steinbruch mit einschlossen. So bizarr das klingt, hatte er damit Erfolg: Er klagte auf Herausgabe des Schädels und gewann den Prozess.

Die Entdeckung des Mosasaurus in den „Höhlen von Maastricht": In einer Version der Geschichte leitet Hoffmann die Ausgrabung, in einer anderen kauft er später das Fundstück. Copyright: G. R. Levillaire in „Histoire naturelle de la montagne de Saint-Pierre de Maestricht" von Saint-Fond/gemeinfrei

Für eine Weile stellte er den spektakulären Fund im Dom aus, während die Debatte um seine Natur weiterging. Hoffmann glaubte, ein archaisches Krokodil gefunden zu haben, Drouin glaubte, sein Mosasaurus sei ein Wal – der Geologe Petrus Camper bestärkte ihn darin. George Cuvier, bei dem zu dieser Zeit so ziemlich jede wissenschaftliche Streitfrage irgendwann landete, glaubte gar nichts und legte sich nicht fest.

Glaubhaft, weil nachprüfbar, ist dann zumindest ein Teil der weiteren Geschichte: 1794 überrannten Napoléons Truppen die
Stadt Maastricht.

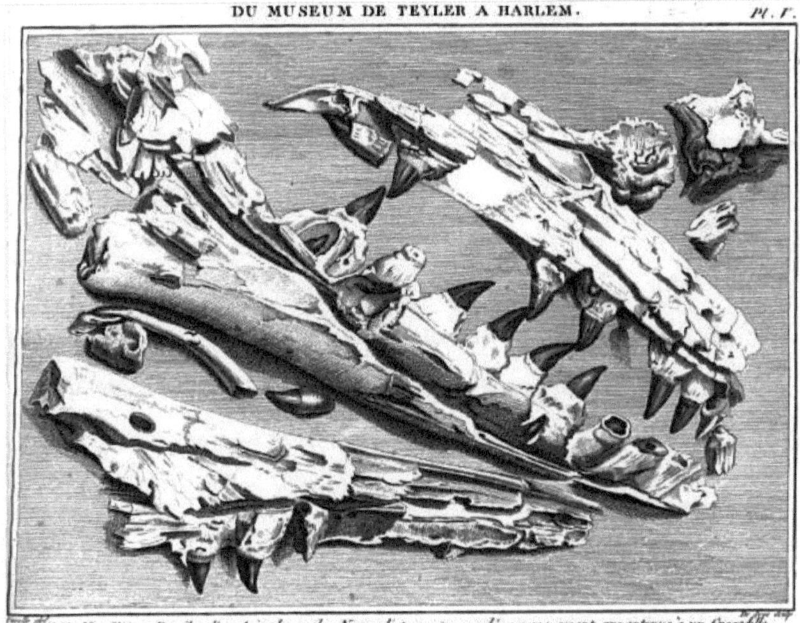

**Drouins' Schädel: Der erste Fund landete im Museum von Haar-
lem, klassifiziert als Wal.** Copyright: Saint-Fond/gemeinfrei

Richard Owen behauptet, sie wären vorab vom Aufbewahrungs-
ort des inzwischen international berühmten Maastrichter Schädels informiert gewesen und hätten Anweisung gehabt, den be-

treffenden Stadtteil von allem Beschuss auszunehmen. Ob das nun wahr oder übertrieben ist oder nicht: Tatsache ist, dass die Soldaten den Schädel konfiszierten.

Und Tatsache ist auch, dass unter ihnen Barthélemy Faujas de Saint-Fond war, Geologe und Naturforscher und Chef des Pariser Jardin des Plantes, des königlichen Botanischen Gartens. Saint-Fond war nicht zufällig dort, sondern gekommen, den Schädel nach Paris zu holen: In seinem Buch „Histoire naturelle de la montagne de Saint-Pierre de Maestricht" schildert Saint-Fond die hier kurz wiedergegebene Fundgeschichte und behauptet, er habe Godding gegen Zahlung einer erheblichen Summe über-redet, das Fossil ihm und der Wissenschaft zu übergeben. Ende 1794 wurde der Mosasaurus-Schädel zur Kriegsbeute und einem nationalen Schatz erklärt und nach Paris, ins Muséum national d'Histoire naturelle gebracht. Dort lagert er noch immer.

Erst 1799 wurde langsam klar, was da eigentlich gefunden wor-den war. Adriaan Gilles Camper, Sohn des Geologen, der den Erstfund zum Wal erklärt hatte, erkannte darin nun – durchaus treffend - eine Art gigantischen Waran, und George Cuvier schloss sich seiner Meinung an. Jetzt war klar: Das noch immer namenlose, gemeinhin „riesiges Fossil aus den Maastrichter Brü-chen" genannte Tier war ein Reptil – und zwar eines, wie es die Welt noch nie gesehen hatte.

Für Cuvier sollte Mosasaurus den Anstoß geben, die Frage aufzuwerfen, ob es so etwas wie „Aussterben" und „Entwicklung" von Arten geben konnte. 1808 spekulierte der französische Gelehrte anhand verschiedener Fossile über die Möglichkeit, dass es in „vorsintflutlicher" Zeit Tiere gegeben haben mochte, die nicht auf Noahs Arche landeten – damals ein ungeheuerlicher Gedanke.

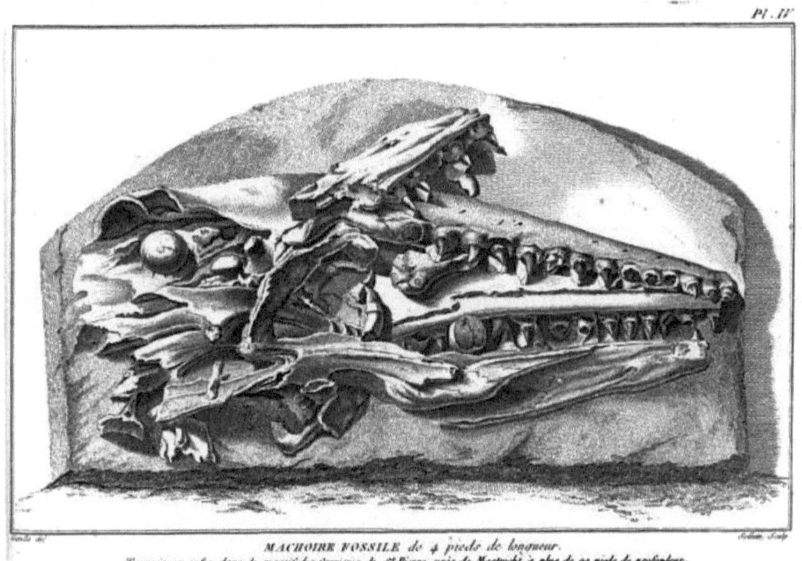

Hoffmanns Fundstück: Dieses Knochen-Puzzle liegt heute in Paris – und gab den Anstoß für Cuviers Nachdenken über die Möglichkeit einer Evolution. Copyright: Saint-Fond/gemeinfrei

Und einer, der nun umging wie ein Lauffeuer. Immer öfter und intensiver diskutierten Gelehrte nun über die zeitlichen Dimensionen des fossilen Befundes – und darüber, dass das, was sie dort fanden, nicht mit der biblischen Überlieferung in Einklang zu bringen war. Mosasaurus wurde – im Sinne des Wortes – zu einem der wichtigsten Steine des Anstoßes für ein Nachdenken über Evolution und eine Relativierung der religiösen Überlieferung.

Als Meeresechse wurde Mosasaurus erst 1822 erkannt und beschrieben. Wieder einmal war es William Conybeare, der aus 50 Jahren Vorarbeit zahlreicher Gelehrter die richtigen Schlüsse zog. Er taufte das Tier, das er als Meeresechse deutete, Mosasaurus, lateinisch für „Echse vom Fluss Maas". Sieben Jahre später ehrte Gideon Mantell den längst verstorbenen Johann Hoffmann, indem er eine Art aus der Gruppe der Mosasaurier Mosaurus hoffmannii nannte. Es war und ist der größte Mosasaurus, den man bisher entdeckt hat.

Palaeotherium

Eozän bis Oligozän, ca. 48,6 bis 28,4 Millionen Jahre

Lage und Aussehen der Statuen: Nächste Halbinsel links, abbiegender Rundweg: Zwischen den Bäumen stehen und liegen etwa hüfthohe Säugetiere, die rein optisch an Tapire erinnern.

Palaeotherium: Millionen alter Exot, der nicht so aussieht.

Copyright: Patalong

Richtiges und Falsches: Was die Säuger angeht, waren Owen und Hawkins auf relativ sicherem Grund – je näher an der Neuzeit, desto weniger „exotisch" die Exponate. Palaeotherium haben sie recht gut hinbekommen: Heutige Rekonstruktionen sehen auch nicht viel anders aus.

Wissenswertes: Mit den Säugern in der Ausstellung ging Richard Owen ein wenig stiefmütterlich um. In seinem kleinen Führer zur Ausstellung spielen sie keine Rolle, werden nicht erklärt. Was natürlich auch daran lag, dass Säuger den Zeitgenossen sehr vertraut waren. Unterschied sich Palaeotherium großartig von den Trophäen, die Jäger aus Südamerika, Afrika oder Asien mitbrachten? Nicht wirklich.

Wenn man davon absah, dass diese frühen Pferdeverwandten keine Hufe, sondern Füße mit Zehen hatten. Und dass ihre Schnauzen wie bei Schweinen zu kleinen Rüsseln ausgebaut waren, mit denen sie Laub zupften.

Die Erstbeschreibung des Palaeotherium leistete George Cuvier 1804. Wie sehr die Biologie, Paläontologie und Geologie in ihren Anfängen Gentleman-Disziplinen waren, erkennt man, wenn man sieht, wer das Tier 46 Jahre später in den Kontext einer ganz eigenen, am Ende des Oligozän ausgestorbenen Tiergruppe stellte: Charles Lucien Jules Laurent Bonaparte, ein Neffe von Napoléon Bonaparte.

Anoplotherium

Eozän bis Oligozän, ca. 37 bis 33 Millionen Jahre

Lage und Aussehen der Statuen: Direkt neben den Palaeotherien. Eine Gruppe von Tieren, die wie Kreuzungen zwischen Kamelen und Katzen wirken: „kamelig" der Kopf, katzenhaft-kräftig der Körper mit seinem muskulösen Schwanz.

Copyright: Patalong

Richtiges und Falsches: Siehe Palaeotherium: Erstbeschreibung von Cuvier (1804), plausible Rekonstruktion, guter, aussagekräftiger Fossilbefund – Hawkins hatte auch mit Anoplotherium wenig Mühe.

Wissenswertes: Wie schon die Gestalt vermuten lässt, waren diese Paarhufer Pflanzenfresser – wahrscheinlich in kleinen Herden lebende Waldbewohner.

Außergewöhnlich an ihnen war vor allem ihr kräftiger, beweglicher Schwanz. Wahrscheinlich diente er dazu, die Balance zu halten, vielleicht sogar zur Abstützung, wenn sich diese Tiere auf ihre Hinterbeine stellten, um in bis zu zwei Meter Höhe das Laub von den Bäumen zu holen. Denn auch in ihrem Knochenbau können Biologen nachweisen, dass Anoplotherien bestens in der Lage waren, auf zwei Beinen zu stehen und wohl auch Schritte zu machen – was sie durchaus zu ungewöhnlichen Paarhufern macht.

Ansonsten vermutete schon ihr Entdecker George Cuvier, dass diese Tiere wohl ziemlich harmlos waren, was er mit seiner Namenswahl unterstrich: Anoplotherium bedeutet soviel wie „unbewaffnetes Tier".

Harmlos: Hawkins Anoplotherium. Copyright: Patalong

Megatherium

Pliozän bis Holozän, ca. 5,33 Millionen bis vor 8.000 Jahren

Lage und Aussehen der Statue: Mitte der Säugetier-Insel, großes, bärenhaftes Tier, das sich an einem Baum aufrichtet und festhält.

Copyright: Patalong

Richtiges und Falsches: Auch Megatherium wird heute kaum anders dargestellt als damals von Hawkins.

Wissenswertes: Riesige Faultiere wie Megatherium dürften dem Menschen noch begegnet sein. Mit Körpergrößen bis zu sechs Metern und einem Gewicht bis zu sechs Tonnen brauchte ein ausgewachsenes Megatherium americanum („großes Tier aus Amerika") wohl zu seiner Zeit keinen Räuber fürchten.

Das Megatherium, erstmals 1787 von Manuel Torres im heutigen
Argentinien gefunden, sollte 1793 als erstes fossiles Tier überhaupt rekonstruiert und in Madrid als Skelett aufgestellt werden. Juan Bautista Ru de Rámon, der Präparator, fertigte von
seinem – wie man heute weiß: ziemlich verunglückten – Meister-
stück auch eine Zeichnung an, die als vervielfältigte Kopie auch
George Cuvier erreichte.

Der war hin und weg, als er den Auftrag bekam, einen Bericht
über das neue Tier zu verfassen. Cuviers 1796 erschienener Bericht wurde zur Erstbeschreibung des von Cuvier benannten Me-
gatheriums, obwohl der einzig und allein die Zeichnungen de Rá-
mons zur Verfügung hatte – das montierte Skelett soll Cuvier nie
gesehen haben. Trotzdem bewirkte es eine Menge, und nicht zuletzt für den aufstrebenden Anatomen. Cuviers Beschreibung
gilt als erste akademische Veröffentlichung über ein ausgestor-
benes Wesen überhaupt – und als erste akademisch-literarische
Thematisierung des Konzeptes „Aussterben".

Schnell ließ Cuvier weiteres Material folgen, und bald war er
eine in ganz Europa bekannte Autorität. Das Megatherium wurde so zum Turbo für seine Karriere.

Vielleicht ist es die Größe des Tieres, die es faszinierender
macht als andere ausgestorbene Säuger. Die Gelehrten des frü-

Von Owen und Buckland rekonstruiertes Megatherium im Londoner Naturkundemuseum: Vorlage für Hawkins Statue.

Copyright: Patalong

hen 19. Jahrhunderts waren wie besessen davon, doch insgesamt wurden in den ersten drei Jahrzehnten gerade einmal drei weitere Fossile gefunden. Von 1832 bis 1833 stürzte sich dann kein geringerer als der junge Charles Darwin auf die Megatherien-Ausgrabung: Was er dem Boden entriss, schickte er zur Analyse nach England, zu Richard Owen.

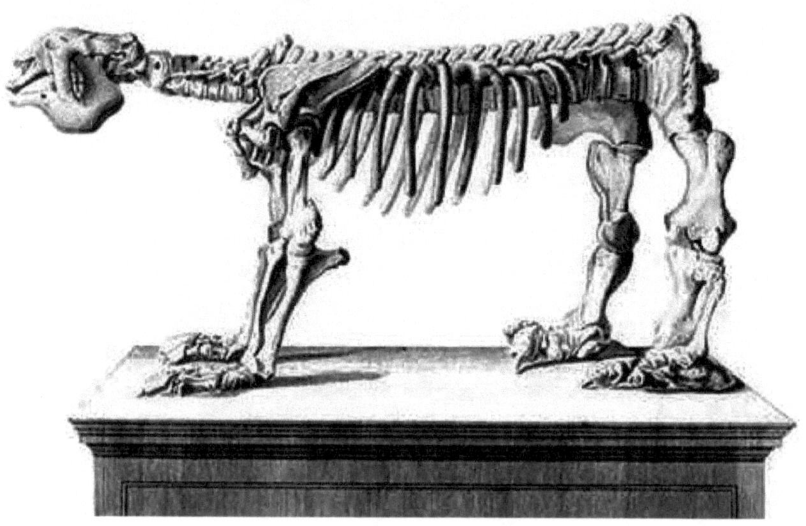

Die von Cuvier untersuchte Zeichnung, die zur Erstbeschreibung des Megatherium diente: Unnatürliche Körperhaltung, aber trotzdem eine Pionierleistung. Copyright: gemeinfrei.

Der veröffentlichte 1840, 1851 und 1860 gleich drei umfängliche Bücher über das Megatherium – mit keinem einzelnen Tier dürfte er sich ausführlicher beschäftigt haben. Es war also kaum verwunderlich, dass das Megatherium auch im Crystal Palace

Park einen großen Auftritt bekam. Hawkins Rekonstruktion orientiert sich eng an der von Richard Owen und William Buckland erarbeiteten Skelett-Rekonstruktion, die bis heute im Londoner National History Museum steht.

Megatherium war ein wehrhaftes Faultier, das in Südamerika lebte und fraglos vor allem Vegetarier war. Ob es – wie viele Pflanzenfresser bis hin zu Kühen – nur gelegentlich auch Fleisch zu sich nahm, oder sogar regelmäßig jagte oder Aas fraß, ist umstritten. Es gibt Fossilfunde, auf deren Knochen man deutliche Kauspuren von Megatherien gefunden haben will. Chemische Untersuchungen an seinen Zähnen haben diese These bisher aber nicht bestätigen können.

Megaloceros

Eine Million bis vor ca. 7500 Jahren

Lage und Aussehen der Statuen: Eine kleine Gruppe sehr, sehr großer Hirsche am Ende des Rundwegs auf der Säugerinsel.

Copyright: Patalong

Richtiges und Falsches: Megaloceros war letztlich ein modernes Tier – eine sehr große Hirschgattung, die am Ende der letzten Eiszeit ausstarb. Berühmt ist sie für ihre überdimensionalen Geweihe. Mit einer Schulterhöhe von zwei Metern erreichten sie die Größe heutiger Elche, deren Geweihe sie aber mit Leichtigkeit überboten: Bis zu 3,60 Meter Spannweite sind verbrieft.

Wissenswertes: Megaloceros gehört zu den häufigsten Motiven eiszeitlicher Höhlenmalerei. Die schiere Größe, Geschwindigkeit und Anmut dieser Tiere muss unsere Vorfahren fasziniert und inspiriert haben. Seine Geweihe, die der Hirsch abwarf und jedes Jahr neu aufbaute, waren Rohstoff für Werkzeug, Schmuck und Waffen.

Und sie waren offenbar ein Symbol für Lebenskraft: Mit die frühesten Götter- und Schamanendarstellungen in Europa zeigen Hirschgeweihe tragende Menschengestalten. Es ist ein archaisches religiöses Motiv, dass es in viele Religionen und Mythenwelten nicht nur der indoeuropäischen Völker geschafft hat: Der „gehörnte Gott" Cernunnos der Kelten trägt Geweih und wird oft mit Hirschen dargestellt. Griechen und Römer kannten gehörnte Götter; Faune sind nichts anderes. Die Ägypter kannten Götter, deren Köpfe von Stier- oder Widderhörnern geschmückt wurden. Ähnliche Beispiele gibt es aus Asien und Schwarzafrika.

In einer Kultur mystischer Welterklärung muss es ein magischer Akt gewesen sein, sich ein Geweih aufzusetzen: Es ließ den Träger zu etwas Mächtigem mutieren, einem Tier, das sich Nachts schnell und leise bewegte und es trotz seiner Größe verstand, bei Tageslicht regelrecht zu verschwinden.

Hirsche sind in den Volkssagen und Überlieferungen vieler europäischer Völker das magischste Tier von allen: In Zeiten, als sich

Menschen als Jäger und Sammler ernährten, waren sie Gegenstand der Verehrung. Landwirtschaftliche Kulturen sattelten von Jagd- auf Nutztiere um, ohne allerdings auf Horn als Zeichen der Göttlichkeit zu verzichten: Stiere und andere Hornträger standen aber eher für Wehrhaftigkeit und Kraft.

So hartnäckig waren die Horngott-Kulte, dass das monotheistische Christentum, das es sonst vorzog, archaische Götter einfach als Heiligenfiguren zu absorbieren, sie im Sinne des Wortes „verteufelte" - sie wurden zu Dämonen degradiert.

Besonders schlimm erwischte es den eigentlich freundlichsten aller Hornträger, deren Charakter uns überliefert ist: Den griechischen Hirtengott Pan. Der, ein Schutzgott von Wald und Natur, der ansonsten vor allem mit Musik, Tanz und Frohsinn verbunden wurde, machte man zur optischen Vorlage für die christliche Teufelsgestalt mit Bockfuß und Hörnern.

Heute würde man da wohl wegen Rufschädigung klagen.

Verstehen

Hawkins Monster, Hawkins Zeit

Am 10. Juni 1854 wurden die Bewohner Londons einmal mehr Zeugen eines dieser pompösen Spektakel, mit denen sich das britische Empire so gerne inszenierte. In diesem Fall waren der Königin und ihrem Prinzgemahl die Sympathien des Volkes dafür ganz besonders sicher: Queen Victoria, 35 Jahre jung, aber schon im 18. Jahr ihrer Regentschaft, machte sich mit zwölf Kutschgespannen auf den Weg vom Buckingham Palace zum Vorort Sydenham. Dort warteten in einem gigantischen, aus Glas errichteten Gebäude von bis heute beispielloser Größe schon 1710 Musiker und 40.000 Gäste.

Die Briten hatten diesem Ereignis tatsächlich entgegen gefiebert. Eigentlich hätte es schon im Monat davor stattfinden sollen. Doch dann fiel Vertretern des Klerus und anderen Tugendwächtern auf, dass zahlreiche der Repliken klassischer griechischer und römischer Statuen, die den „Glaspalast" und die Gärten schmückten, den Originalen zu treu nachgebildet waren – sie waren nackt. Das verursachte nun zusätzliche Arbeit, denn natürlich waren den adeligen Damen unter den Gästen männli-

che Geschlechtsteile nicht zuzumuten: Man entfernte sie, wo
das möglich war, und bedeckte sie mit steinernen Blättern als
keuscher Blickschutz, wo sich die Kastration per Meißel nicht an-
bot. Erst dann wurde der Crystal Palace für bereit befunden,
eine Königin zu empfangen, deren Empire sich im Wortsinn um
den gesamten Globus erstreckte.

Der transparente Kuppelbau war so gigantisch, dass sich die
Menschenmassen darin fast verloren. Der Palace war für Mas-
sen-Events gemacht: In den folgenden Jahrzehnten sollte er
jährlich zwei Millionen Besucher anziehen. Über rund ein halbes
Jahrhundert sollte der Crystal Palace Park damit zur populärs-
ten Attraktion Londons werden – und das, obwohl man für den
Besuch eine weite Anreise in Kauf nehmen musste und dann
noch Eintritt zahlte, während einige der innerstädtischen Muse-
en kostenfrei waren. Keine Frage: Dieser sowohl der Bildung, als
auch dem gepflegtem Entertainment gewidmete Glaspalast war
für Britannien von äußerster Wichtigkeit.

Das hatten sowohl die Halle als auch die erste Ausstellung darin
drei Jahre zuvor unter Beweis gestellt: Erstmals war der „Crystal
Palace" als Veranstaltungsort der ersten Weltausstellung im
Londoner Hyde Park errichtet worden. Die war zu einer weltweit
beachteten Sensation geraten und begründete eine Tradition,
die in Form der „Expo"-Weltausstellungen bis heute nachwirkt.

Sehr schnell nach Ende der Weltausstellung von 1851 war man zum Entschluss gelangt, dass etwas, das so gut war, doch auch von Dauer sein sollte. Nun hatte man die gläserne Halle also unter immensen Kosten ab-, um- und im Süden von London wieder aufgebaut. Ihre Dimensionen hatten sich verändert, insgesamt aber war diese größte Glaskonstruktion aller Zeiten sogar noch einmal gewachsen.

Sowohl die Weltausstellung, als auch der Wiederaufbau in Sydenham waren vom Königinnengemahl Prinz Albert höchst aktiv gefördert worden. Das Projekt des gigantischen Infotainment-Parks, wie man heute sagen würde, war ihm eine Herzensangelegenheit. Und auch für die Königin, die sich bei beiden Eröffnungen die Ehre gab, war Crystal Palace ein besonderer Ort: In ihren Briefen an enge Verwandte schwärmte sie davon, dass es neben ihrer Krönung keine Ereignisse gegeben habe, bei denen sie vom Volk so sehr gefeiert worden war, wie bei den Eröffnungen des Crystal Palace.

Sie mochte aber auch den Park und seine Attraktionen an sich. Nicht nur besuchte sie die Halle und diverse Veranstaltungen dort über Jahrzehnte in schöner Regelmäßigkeit, sie führte auch diverse gekrönte Häupter dorthin. Napoleon III. feierte dort schon 1855 seinen Geburtstag, und irgendwann lockten die Wunder der Hallen und Gärten auch so gut wie alle anderen eu-

ropäischen Blaublüter, vom russischen Zaren bis hin zum deutschen Kaiser.

Eröffnungszeremonie am 10. Juni 1854: Palast für die Massen.

Viele von ihnen dürften dann auch vor den Skulpturen prähistorischer Wesen von Benjamin Waterhouse Hawkins gestanden haben, einer der Hauptattraktionen des Parks. Staunend, bewundernd, vielleicht auch amüsiert. In den ersten Jahren sicher verblüfft, was aber sicher schnell abnahm: Schon bald kannte im Sinne des Wortes jedes Kind des 19. Jahrhunderts Hawkins Rekonstruktionen vergangenen Lebens.

Denn sie gingen nicht nur als Abbildungen in zahllosen Berichten um die Welt. Schon kurz nach Eröffnung der Crystal-Palace-Ausstellung wurden auch kleine Repliken der dort gezeigten Statuten als Souvenirs verkauft. Sie wurden so – in verkleinerter Form - auch zu den ersten „Spielzeug-Dinos“ der Welt: Was T-Rex, Brontosaurus und Triceratops für die Kinder der zweiten Hälfte des 20. Jahrhunderts waren, waren Hawkins Iguanodon und Megalosaurus für die Kids des ausgehenden 19. Jahrhunderts.

Schon hier kündigte sich an, dass die Paläontologie zu einer Wissenschaft werden sollte, die der Popkultur viel näher steht als irgendeine andere Disziplin. Es gibt Menschen (und darunter nicht wenige Wissenschaftler), die darüber die Nase rümpfen, aber schon die Macher der Crystal-Palace-Statuen erkannten, dass diese Wissenschaft dafür wie gemacht war: In keiner anderen akademischen Disziplin lassen sich Forschungsergebnisse so plastisch darstellen wie in der Paläontologie.

Die bei Paläontologen manchmal zu spürende Scham darüber ist
völlig verfehlt: Im Grunde genommen liegt genau darin der aller-
größter Wert der Paläontologie. Sie ist eine „Eintritts-Wissen-
schaft", über die schon Kinder an wissenschaftliche Themen her-
angeführt werden. Die völlig freiwillige Beschäftigung mit wissenschaftlichen Inhalten gehört heute zu den Nebenwirkungen
des kindlichen Dino-Fiebers: Man kann nicht mit Dinos spielen
oder Bilder und Bücher von ihnen sammeln, ohne dabei Grund-
sätzliches über Geologie, Evolution, Astronomie, Anatomie und
Biologie zu lernen.

In gewisser Hinsicht waren Anfang des 19. Jahrhunderts alle Kinder: Ahnungslos, was das Alter der Erde und ihre Genese anging.
Evolution war noch kein weithin akzeptiertes Konzept. Selbst
viele der führenden Wissenschaftler ihrer Zeit hingen noch Ide-
en und Welterklärungen an, die eher mythisch-magischen als
wissenschaftlichen Charakter hatten.

Die Entdeckung, dass der Boden, auf dem wir stehen, die Geschichte der Schöpfung in sich trägt, sollte all das verändern,
alte Glauben erschüttern und neuem Wissen zum Durchbruch
verhelfen. So, wie Kinder im Spiel mit vorzeitlichen Wesen Dinge
über diese und die Entstehung und Vergangenheit unserer Welt

lernen, lernten die Menschen des 19. Jahrhunderts nicht zuletzt anhand der im Boden gefundenen Fossilien, dass nicht nur die Menschheit und ihre Kultur, sondern auch die Erde und ihre Natur eine Geschichte haben. Entsprechend groß war die Faszination für das Thema.

Die Anfänge der Paläontologie

Die Menschen, die die Knochen sammelten, auf denen die Rekonstruktionen der Crystal-Palace-Saurier beruhen, waren meist gebildete Gentlemen wie Pfarrer, Lehrer, Ingenieure oder Ärzte. In ihrer Kindheit hatte es natürlich keine „Dino-Phase" gegeben. An der Wende vom 18. zum 19 Jahrhundert kannte man zwar schon zahlreiche Fossilien, hatte aber keine realistische Vorstellung davon, was die tatsächlich darstellten.

Große, versteinerte Knochen hatte man seit Menschengedenken immer wieder gefunden und sie für Überreste von Riesen gehalten - oft stammten sie von Mammuts. Die länglichen Spuren fossiler Tintenfische im Fels interpretierte man über Jahrhunderte als „Donnerkeile" oder Spuren von Geschossen. Kleinere, nicht weniger unerklärliche Fossilien von Seesternen oder Ammoniten fand man dagegen vor allem hübsch und hielt sie ansonsten für Spuren der Sintflut.

Noch Ende des 18. Jahrhunderts fand ein britischer Experte für Funde versteinerter Fische die sagenhafte Erklärung, dies seien offensichtlich Steinfische: Wenn Gewässer austrockneten, könnten mitunter Fischeier mit dem Dampf zu den Wolken aufsteigen. Wenn die dann irgendwo als Regen niedergingen, wüchse manchmal ein Steinfisch im Boden.

Damals erschien das manchen Zeitgenossen als intelligente Erklärung – aber das sollte nicht mehr lang so bleiben.

Bildungshunger als Zeitgeist

Schon mit der Aufklärung begann eine ernsthaftere, forschende Beschäftigung mit der Natur, die bald auch außerhalb wissenschaftlicher Kreise Mode werden sollte. Pflanzen, Insekten, Vögel und andere Tiere zu beobachten, zu sammeln und systematisch einzuordnen gehörte zu den beliebtesten Freizeitbeschäftigungen des naturbegeisterten 19. Jahrhunderts. Botanisierglas und Schmetterlingsnetz wurden zu Utensilien, die man in gut situierten Schichten mit auf den Sonntagsspaziergang nahm.

Und das war keine Marotte gelangweilter reicher Schichten. Es war eine „Breitenbewegung", ein wichtiger Teil des Zeitgeistes. Die Rätsel der Natur erfassen und entschlüsseln zu wollen war ein Thema, das Begeisterung weckte. Und Wissenschaftsbegeisterung war nicht etwa „nerdig" oder versponnen, sondern populär und prestigeträchtig.

Dazu zählte auch eine weit verbreitete und wachsende Begeisterung für Mineralien und Fossilien.

Die galten zunächst als Kuriositäten und Sammlerstücke, bis man erkannte, dass vor allem Sedimentgesteine, die durch Ablagerung von Mineralien entstehen, Informationen über vergangene Zeiten konservieren. Ein Fossil ist in diesem Sinne nichts anderes als ein in steinerner Form konservierter Datensatz. Er enthält Informationen zu Gestalt, Größe und mit etwas Glück auch zur Lebensweise eines vergangenen Lebewesens.

Anfang des 19. Jahrhunderts begann man also zu verstehen, dass im Boden Antworten auf große Fragen lagen. Und welche Fragen könnte uns Menschen mehr bewegen, als die nach der Schöpfung?

Zäsur: Weg von Religion, hin zu Wissenschaft

Generell galt diese Frage zwar als beantwortet, aber unbewiesen: Die Antwort hieß natürlich Gott. Je mehr Wissen man erlangte, desto unbefriedigender war das.

Tatsächlich sahen es viele Wissenschaftler des frühen 19. Jahrhunderts als ihre vornehmste Aufgabe an, mit wissenschaftlichen Methoden das Wort der Bibel zu bestätigen. Auch der Geologe William Buckland, der 1822 als erster ein Saurierfossil als Überrest einer Riesenechse erkannte, suchte im Boden nicht nach Beweisen für eine wie auch immer geartete Evolution, sondern nach Bestätigungen für die Sintflut.

Denn wie viele der führenden Naturwissenschaftler seiner Zeit hatte Buckland ursprünglich Theologie studiert – viele der Wissenschaftler, die sich der Biologie oder Geologie annahmen, waren Quereinsteiger aus Begeisterung fürs Thema. Viele von ihnen waren Theologen oder Mediziner. Einen Gegensatz zwischen Glaube und wissenschaftlicher Erkenntnis erkannten sie meist erst dann, wenn sie wahrnahmen, dass sich deren Informationen zu deutlich widersprachen. Buckland sollte es nicht anders ergehen.

Für Buckland und seine Zeitgenossen war es problematisch, wenn nicht unverständlich, dass die im Boden gefundenen Tiere denen, die wir heute kennen, oft so wenig ähnelten. In einer Welt, in der die Allgemeinheit fest an eine Schöpfung glaubte, die durch das Wort eines Gottes in Perfektion entstanden und sofort „fertig" war, gab es kein Verständnis dafür, dass Arten sich verändern, neu entstehen oder eben aussterben können.

Das einzige dokumentierte Artensterben war das durch die Sintflut – und da hatte es Noah auf Gottes Befehl hin verhindert, indem er „von jeder Art" ein Tierpaar an Bord der Arche nahm. Das aber stand im offenen Widerspruch zu den Befunden im Boden: Da lagen offensichtlich Arten, die in der Gegenwart nicht mehr existierten.

Wie konnte das sein?
Log die Bibel, wenn sie behauptete, per Arche sei „jede Art" gerettet worden?
Starben sie später aus?
Und wenn, wann? Und warum berichtete die Bibel nicht davon?

Das Problem des permanenten und wachsenden Widerspruchs zwischen dem Glaube, der von einem zivilisierten Menschen schlicht erwartet wurde, und der wissenschaftlichen Erkenntnis äußerte sich in wachenden Zweifeln, die ganz allmählich auch in der wissenschaftlichen Literatur ihren Niederschlag fanden.

George Cuvier hatte schon in seinen ersten naturkundlichen Arbeiten über Fossile die Vermutung geäußert, die Fremdartigkeit der im Stein gefundenen Wesen sei nur zu erklären, wenn diese eben früher gelebt hätten und seitdem ausgestorben seien. Seine Äußerungen stehen im Kontext eines Zeitgeistes, in dem erste Wissenschaftler langsam und oft erst zaghaft und heimlich begannen, über Konzepte wie Aussterben, Artentwicklung und Evolution nachzudenken. Sie stellten damit die religiösen Grundfesten der christlich-westlichen Weltanschauung in Frage.

Klar, das religiös denkende Menschen wie Buckland da zunächst nach Kräften versuchten, Sintflut-Sage und fossilen Befund irgendwie in Einklang zu bringen. Buckland betrieb die Suche nach dem Sintflut-Beweis mit wissenschaftlicher Akribie und methodischer Präzision.

Doch natürlich fand er darum genau das Gegenteil von dem, was er finden wollte. Er haderte lang damit, hatte Probleme, die eigenen Erkenntnisse zu ihrem logischen Ende zu denken. Noch in seinem 1823 veröffentlichten Buch „Reliquiae Diluvianae " („Zeugnisse der Sintflut") ordnete er auf rund 370 Seiten die bis dahin gemachten Fossilfunde eisern dem Verlauf der Arche-Noah-Erzählung zu – aus heutiger Sicht eine reichlich seltsame

Lektüre.

Es spricht für Bucklands Intelligenz und wissenschaftliche Inte-
grität, dass er trotz dieser religiösen Scheuklappen, die das Er-
gebnis der Forschung quasi verpflichtend vorgaben, dabei noch
echte, wertvolle Entdeckungen machte.

Am Ende dachte er um – seine persönliche Entwicklung spiegelt
dabei den zunehmend „wissenschaftlichen" Zeitgeist und die
Geschichte der neuen, entstehenden Wissenschaft – weg von
mythischen Erklärungen, hin zu naturwissenschaftlich-rationa-
len. Überkommene religiöse Überzeugungen wurden nun als
überholt erkannt, wenn auch mitunter durchaus widerwillig.

Schwere Erkenntnis: Religion reicht nicht

Als Buckland erkannte, dass nicht die Sintflut, sondern Gletscher
die Berge seiner Heimat rundgeschliffen hatten, ließ er von
Noah ab. Mit wachsendem Verständnis für die Mechanismen, die
Gestein und Boden aufgebaut und geprägt hatten, wuchs auch
die Ahnung der enormen zeitlichen Dimensionen, in denen das
geschehen sein musste. Noch aber war niemandem wirklich klar,
um was für gigantische Zeiträume es tatsächlich ging.

Denn obwohl Geologie und Paläontologie langsam Einzug in die akademische Lehre fanden, ging man meist noch davon aus, dass die Erde am 23. Oktober 4004 vor Christus geschaffen worden war.

Erzbischof James Ussher hatte das im Jahre 1650 berechnet, indem er einfach die in der Bibel geschilderte Zeit vom neuen Testament rückwärts bis zur Schöpfungsgeschichte addierte, als sei das alles ein Echtzeit-Protokoll historischer Ereignisse.

Die genaue Uhrzeit gab er mit „Beginn der Nacht" an, was – in vor-elektrischer Zeit - wahrscheinlich 18 Uhr entsprach. Der Schöpfungsakt erfolgte demnach kurz nach Feierabend und Sonnenuntergang. Nur *wo* man dieses *wann* festmachen sollte, ist nicht ganz klar: Ussher war Anglo-Ire, meinte er also britische Sonnenuntergangszeit? Oder doch die in den Wüsten des Nahen Ostens, wo der Schöpfer ursprünglich wohnte?

Man sieht: Unabhängig von den Vorteilen, die eine rein religiös-magische Weltdeutung mitunter bieten mag („Das ist so, weil es so ist: und damit basta, sonst trifft Dich der Blitz!"), ist so etwas doch auch mit reichlich Unschärfen und Ungereimtheiten verbunden (was mittlerweile sogar der Vatikan so sieht). Oft fällt es ganz schön schwer, Erkenntnis und Glaube unter einen Hut zu bringen.

Auch die frühen Paläontologen gingen noch davon aus, dass die Erde nur wenige tausend Jahre jung war. Richard Owen spricht einmal von den Fossilien, die Hawkins als Crystal-Palace-Statuen rekonstruierte, als Wesen, die „tausende Jahre" im Boden gelegen hätten. Wie unermesslich viel länger die Geschichte des Lebens auf der Erde tatsächlich zurückreichte, davon hatte Owens und Hawkins Generation noch keine konkrete Vorstellung – aber sie begannen es zu ahnen.

Denn zugleich waren sie sich längst darüber klar geworden, dass die verschiedenen Schichtungen der Gesteine Rückschlüsse auf deren Alter und folglich Reihenfolge in der Zeit zuließen – und dass manche Schichten, wie etwa die Kreide, aus den Überresten von Quadrillionen Lebewesen bestanden. Klar, dass sich so etwas nicht in einem Jahr und zehn Tagen auftürmt – so lang dauerte laut Bibel ja die Komplettwässerung der Erde per Sintflut.

Religiöse Überlieferungen versagten ganz offensichtlich auch dabei, beobachtbare natürliche Phänomene zu erklären: Das Risiko für eine Muschel, bei einer Sintflut zu ertrinken, dürfte zum Beispiel eher überschaubar sein. Aber woher sollten dann die Unmassen toter Meerestiere kommen, aus deren Hüllen und Skeletten die Kreide entstand, die sich bei Dover bis über 106 Meter über den Meeresspiegel erhebt? Und wie viele Generationen Lebewesen mussten sterben, um so dicke Sedimente zu schaffen?

Die „Monster" im Park: Geballtes Wissen der Zeit

Doch das waren Gedankenschritte, den Paläontologe Owen und Bildhauer Hawkins noch nicht machten. Mitte des 19. Jahrhunderts schien es noch plausibel, dass Lebewesen binnen weniger tausend Jahre fossilisierten und in Gesteinen geschichtet übereinander lagen.

In der Freiluftausstellung im Crystal Palace Park stehen Tiere in trauter Nachbarschaft, die einst durch mehr als 300 Millionen Jahre getrennt voneinander lebten.

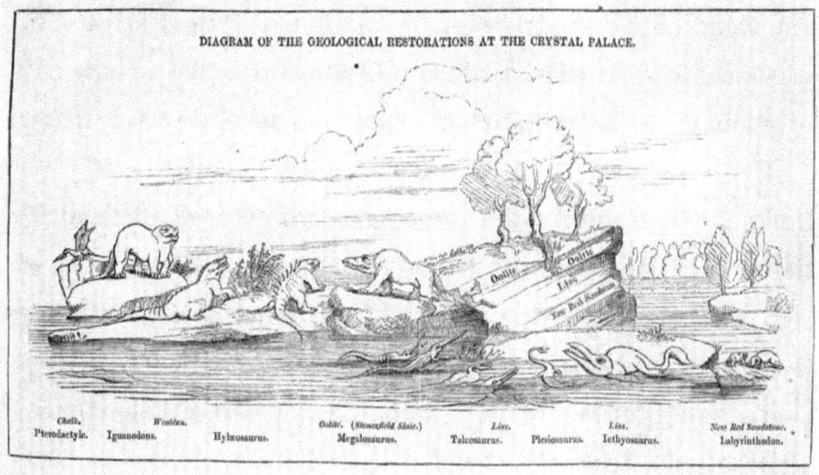

Plan des „Dinosaur Court" von Hawkins, 1854. Copyright: Creative Commons

Immerhin: Dass diese Tiere durch vermutlich große zeitliche Ab-
stände getrennt lebten, war den Wissenschaftlern der Zeit
schon klar – eben nur nicht, wie groß diese Distanzen waren. Die
Ausstellung teilt die Tiere in drei Gruppen, die für drei grobe
Phasen der Evolutionsgeschichte stehen, in denen man damals
die Erdzeitalter zusammenfasste. Es ist eine Systematik des 19.
Jahrhunderts, die man heute nicht mehr gebraucht. Sie ist überholt, ohne deshalb ganz falsch zu sein – man nutzt heute nur ge-
nauere, feiner justierte Begriffe.

Da ist zuerst das Paläozoikum, das **Erdaltertum**. Es ist die Phase
der Frühzeit des Lebens und der Eroberung des Landes, von der
wir heute wissen, dass sie die Zeit von 541 bis 252,2 Millionen
Jahre umfasste. An ihrem Anfang war die Erde öd und leer, an
ihrem Ende jedoch dicht besiedelt von Lebewesen fast aller heute noch zu findenden Gruppen und Familien oder zumindest deren Vorfahren – und dazu einige, die es heute nicht mehr gibt.

Es folgt das Mesozoikum oder **Erdmittelalter**, die Zeit der Dinosaurier (252,2 bis 66 Mio. Jahre). Die Zeit der Säugetiere
schließlich brach mit dem Tertiär, der **Erdneuzeit** an und dauerte in dieser alten, überholten Systematik bis vor 2,6 Millionen
Jahren.

Auch, wenn die geschilderte Systematik inzwischen als zu grob und überholt gilt, stimmt das Prinzip ja durchaus: Man hatte erkannt, dass die Evolution in Phasen verlief, und das auch in jeder erdgeschichtlichen Phase für diese Zeit typische Tiere erstmals auftraten oder zur dominanten Tiergruppe wurden.

Für Hawkins war das solide wissenschaftliche Fundament seiner Open-Air-Ausstellung nicht weniger wichtig als für Owen. Die Sorgfalt und Detailversessenheit, mit der die Beiden ans Werk gingen, verblüfft heute: Neben den Inselchen, auf denen die Tiere ausgestellt sind, ließen sie eine weitere aufschichten, auf der in Form eines künstlichen Aufbruchs die damals bekannten geologischen Schichten offen übereinander gestapelt zu sehen sind.

Auch die künstlichen Ausstellungsinseln sind jeweils aus dem Material konstruiert, in dem die Fossile der jeweils gezeigten Tiere gefunden wurden – sie stehen also quasi auf dem Boden, auf dem sie auch zu Lebzeiten standen. Fels und repräsentiertes Fossil sind also jeweils gleich alt – man muss davon ausgehen, dass das damalige Publikum solche Details zu schätzen wusste.

Verblüffend daran ist vor allem, dass dieser Aufwand für ein Ausstellungsgelände getrieben wurde, das unterm Strich nichts anderes werden sollte als ein kommerzieller Vergnügungspark. Das ist, als ob man heute Disneyland nach wissenschaftlichen Kriterien als originalgetreue Replik aller möglicher Natur- und

Baudenkmäler konstruierte, auf dass diese jedermann erleben könne, ohne Reisen zu müssen. Und damit ist weit mehr gemeint, als nur Schloss Neuschwanstein mit viel Zuckerguss zum Disney-Prinzessinnenschloss zu versüßen.

Der Crystal-Palace-Park: Bildung trifft Spaß

Heute wirkt das seltsam, aber Mitte des 19. Jahrhunderts war das naheliegend. Die Welt – und ganz besonders England – erlebten Mitte des 19. Jahrhunderts eine enorme Umwälzung, die als „Industrielle Revolution" in die Geschichte eingehen sollte. Sie ging neben einer atemberaubend schnell verlaufenden technologischen Umwälzung mit einem nie gekannten Boom der Wissenschaften einher.

Mit einem Mal erschien alles machbar, alles erfahrbar, alles denkbar. Die Welt verfiel über Jahrzehnte in einen regelrechten Fortschrittsrausch, zu dessen Nebenwirkungen es gehörte, die Erschließung von immer noch mehr Wissen als unterhaltend zu empfinden: Erkenntnis war hip und in, es war Wow! und begeisternd und begehrt, in allen Schichten. Bildung schmückte den Menschen, Wissen würzte das Gespräch, Neues zu erfahren machte Spaß. Reiseliteratur war Bestseller-Material, und sogar naturkundliche Bücher brachten es oft zu großen und wiederholten Auflagen.

In diesem Klima entwickelten Manche gegen Mitte des Jahrhunderts gar den Traum, die Aufklärung und Bildung der Massen würde die alten Klassenunterschiede aufheben (und die zunehmend lauter aufbegehrenden Sozialbewegungen befrieden). Neben dem Drang, der Welt die Größe der britischen Nation und ihres Empires vorzuführen, hält man das für eine der wichtigsten Motivationen des Königinnen-Gemahls Prince Albert, der erst die Weltausstellung im Hyde Park anstieß und in Teilen finanzierte, und wenig später die Einrichtung des Crystal Palace Parks.

Die Weltausstellung von 1851 hatte die Welt in ehrfürchtiges Staunen versetzt. In einer gigantischen, 615 mal 150 Meter messenden Glashalle – dem namensgebenden „Kristallpalast" - präsentierten sich die Nationen mit ihren technologischen und wissenschaftlichen Leistungen. Und die größte, modernste und mächtigste unter ihnen war Großbritannien – zu dieser Zeit das weltweite Zentrum des technologischen und wissenschaftlichen Fortschritts.

Die Weltausstellung war auf sechs Monate angesetzt, doch als ihr Ende nahte, beschloss man, dass sie quasi endlos weitergehen solle: Mitte des 19. Jahrhunderts erschien das Konzept eines Bildungsparks für die Massen als vielversprechendes kommerzielles Projekt.

Betreiber war nun die frisch gegründete Crystal Palace Society, eine heute seltsam anmutende Mischung aus kommerzieller und zugleich der Bildung verpflichteter Gesellschaft – eine Art gewinnorientierte Volkshochschul-Firma.

Das lag völlig im Zeitgeist – Bildung war Spaß, selbst die Grenzen zwischen Wissenschaft und Entertainment verwischten. Die Publikumspresse erbaute ihre Leserschaft mit anspruchsvollen Inhalten und höchst akademische Vorlesungen und Diskussionen in Wissenschaftsclubs und Gesellschaften gehörten zum Entertainment der höheren Stände. Wer es sich leisten konnte, baute sich ein Observatorium aufs Haus – oder, wie der anglo-irische Lord Parsons, gleich das größte der Welt in den eigenen Garten. Parsons Teleskop „Leviathan", 1845 in Betrieb genommen, sollte bis 1917 das leistungsstärkste Sternen-Fernrohr der Welt bleiben.

Big war beautiful in dieser Zeit, Größe war gut. Auch im neuen Crystal Palace setzte man darauf: Draußen sprühten die größten je gebauten Fontänenbrunnen ihre Wasser in die Höhe. Die ethnologische Ausstellung zeigte Kulturen und Ethnien gleich in ihren natürlichen Umwelten – mit Szenen aus asyrischen Königspalästen oder nachgebauten Teilen der ägyptischen Pyramiden. In den Technikhallen zeigte man massiv beeindruckende Maschinerie. Um die Funktionsweise einer Bleimine zu demonstrieren,

baute man in Sydenham kurzerhand eine Schulungs-Bleimine –
und nicht etwa als Modell, sondern in begehbarer Größe.

Anschauung galt als Königsweg zum Verstehen

Das Konzept dahinter, dem sich die Crystal Palace Society ver-
pflichtete, war die Pädagogik des Schweizer Erziehungswissen-
schaftlers Johann Heinrich Pestalozzi. Der hatte das Prinzip des
Lernens durch direkte Anschauung postuliert. Erst der direkte
Kontakt mit den Dingen lasse den Menschen das Wesen dieser
Dinge begreifen. Theoretisches Lernen vermittele dagegen nur
Worte.

Es ist wenig überraschend, dass dies ein Konzept war, das einen
Bildhauer wie Benjamin Waterhouse Hawkins begeistern musste. Für den Briten wurde es ein Lebensthema. Er selbst sah seine
meist monumentalen Figuren, von denen die im Crystal Palace
nur die ersten (und letztlich größten und erfolgreichsten) sein
sollten, als Wissensmittler. Sie zu Besuchen werde den ungebil-
deten Schichten neue Einsichten und den Gebildeten Erbauung
bieten, glaubte er.

Denn die effektivste Form der Wissensvermittlung, sagte
Hawkins 1854 in einer Vorlesung, sei das „direkte Belehren
durch das Auge“: „Ein Autor hat klug beobachtet, dass wir viele

Dinge täglich bei ihren Namen nennen, ohne ihre Natur und Eigenschaften zu hinterfragen. Also sind es in Wahrheit nur die Namen, und nicht die Dinge selbst, mit denen wir vertraut sind.“

Wie viel mächtiger musste da der belehrende Eindruck sein, den tonnenschwere, gigantische Skulpturen beim Lernenden hinterlassen würden?

Klar auch, dass diese zur Erbauung und Belehrung der Massen erbauten Monster den höchsten wissenschaftlichen Ansprüchen gerecht werden mussten!

Hawkins baute sie hohl, um Kosten zu sparen, und verbaute doch Tonnen von Material. Die geologischen Exponate in den Außenanlagen des Crystal Palace Park sollten zu einem der kostspieligsten Teile des gesamten Angebotes werden: Allein die Monster schlugen mit der für damalige Verhältnisse unfassbaren Summe von fast 14.000 Pfund zu Buche. Klar, dass erwartet wurde, dass diese Investition zu einer der Hauptattraktionen des Parks werden sollte.

Die „Monster“: Dinos in der Minderheit

Nur ein Bruchteil der im Crystal Palace Park gezeigten Tiere sind tatsächlich Dinosaurier: Eigentlich müsste man genauer von

„prähistorischen Tieren im Crystal Palace Park" sprechen – aber das tut niemand. Nur vier der Skulpturen stellen wirklich Dinosaurier dar, der Rest sind Amphibien, Synapsiden, Meeresechsen, Flugsaurier und Säugetiere.

Entwurf des „Dinosaur Court" von Hawkins, 1854.
(Copyright: Creative Commons)

Die Besucher des Park empfanden das keineswegs als Manko. In der Frühzeit der Paläontologie waren Tiere der Eiszeit, von denen man sehr konkrete Vorstellungen hatte, deutlich bekannter und populärer als Dinosaurier, von denen man allenfalls abstrakte Vorstellungen hatte.

Crystal Palace kombinierte also Publikumslieblinge wie das Riesenfaultier mit echten, noch monströseren Novitäten – und dazu zählten nicht zuletzt die gezeigten Flug- und Meeresechsen. Dass auch Wasser und Luft einst von Reptilien bevölkert waren, war ja öffentlich noch kaum bekannt.

Als die Ausstellung 1854 eröffnet wurde, waren es darum vor allem diese „Dinosaurier" und „Drachen-Wesen", die das auf zwei Inseln in einem kleinen See gezeigte Urwelt-Szenario zu etwas ganz Besonderem machten – der Begriff Dinosaurier wurde mehr oder minder zum Synonym für „vorsintflutliches Tier", wie man alles Leben der „Urzeit" zusammenfasste.

Erfunden hatte den Begriff Dinosaurier niemand anderer als eben Richard Owen. Es war auch Owen, damals frisch gebackener und gefeierter Gründer des Natural History Museums in London, der nach Ende der Weltausstellung 1851 darauf gedrängt hatte, der Fortführung der vom Hydepark nach Sydenham verlegten Crystal-Palace-Ausstellungen auch Exponate rekonstruierter „vorsintflutlicher" Tiere zu gönnen. Als Benjamin Waterhouse Hawkins den Auftrag dazu erhielt, wurde Owen fast zwangsläufig zu seinem fachlichen Berater – nachdem der noch bekanntere Gideon Mantell abgelehnt hatte.

Denn zuerst hatte man den älteren und noch berühmteren Geo-

logen gefragt, der zahlreiche Fossile gefunden und erstmals beschrieben hatte – darunter auch einige von denen, die nun im
Crystal Palace gezeigt werden sollten.

Mantell aber scheute vor der Aufgabe zurück, das Projekt zu ver-
antworten. Er war schwer krank und wusste, dass sein Leben
dem Ende entgegen ging. Tatsächlich starb er 1852, noch vor
dem Guss der ersten Statuen, an einer Überdosis Opiate. Ein für
die Zeit nicht ungewöhnlicher Tod: Großbritannien gründete
seine finanzielle Macht in nicht unerheblichem Maße auf den
noch nicht verbotenen Drogenhandel und hielt ein fast weltwei-
tes Monopol für den Vertrieb von Opium und seinen Produkten.

William Buckland, der andere noch lebende, international re-
nommierte Pionier der britischen Paläontologie, wurde gar nicht
gefragt: Seit 1845 hatte er das höchst ehrenwerte Amt des De-
kan von Westminster inne und war als Geistlicher nur der Königin selbst unterstellt. 1850 erkrankte er zudem an Tuberkulose,
an der er sechs Jahre später auch sterben sollte. Richard Owen
wurde so zum letzten der „Großen" - bis zu seinem Tod 1892
sollte er die dominante wissenschaftliche Autorität in der britischen Paläontologie bleiben. Heute gilt er – nach Charles Darwin
– als wohl bedeutendster britischer Naturkundler des 19. Jahrhunderts.

Ab 1851 widmete er einen nicht geringen Teil seiner Zeit dem Design einer Publikumsaktraktion für einen Freizeitpark in Südlondon. Owen und Hawkins nutzen dabei Gideon Mantells Aufzeichnungen bei mindestens zwei der Saurier – die Rekonstruktionen setzen Mantells Vorstellungen um.

Die Entdeckung der Dinosaurier

Ein Jahrzehnt zuvor hatte Richard Owen die wenigen bis dahin gemachten Fossil-Funde analysiert und einander zugeordnet.

Die Fossilien stammten von Sammlern wie Buckland und Mantell: Mantell war es gewesen, der als erster erkannte, dass von ihm untersuchte fossile Zähne nicht irgendwelchen Großsäugern gehört haben konnten, sondern einer Echse – er nannte sie „Iguanodon", nach dem Grünen Leguan, der im Latein und Englischen „Iguana" heißt.

Seine von ihm selbst nie veröffentlichte Skizze, die man in seinem privaten Nachlass fand und die zwischen 1820 und 1825 entstanden sein dürfte, gilt als erste „bewusste" Darstellung eines Dinosauriers – einer „vorsintflutlichen" Echse:

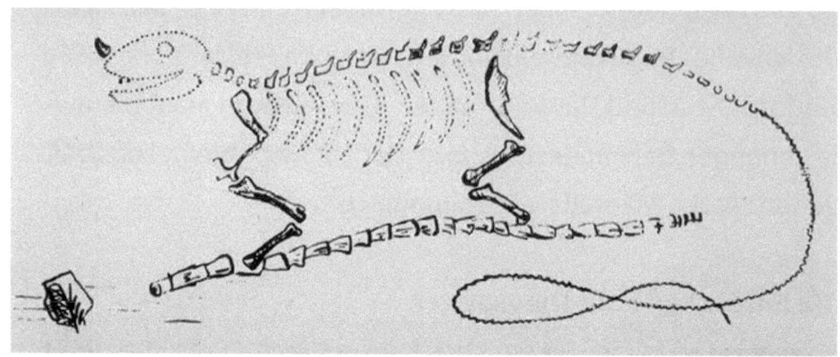

Mantells „Iguanodon". Copyright: Creative Commons

Anfänglich gehörte ausgerechnet Richard Owen zu den größten Gegnern von Mantells Echsen-Thesen. Bald aber dachte er um: 1842 gab er diesen Tieren, die er schließlich als eigene Tiergruppe erkannt hatte, die Bezeichnung „Dinosaurier". Das bedeutete „Schreckliche Echse", was die Phantasien der Zeitgenossen zusätzlich beflügelte. Ihre Vorstellungen urzeitlicher Welten wurzelten in der Religion. Was dabei heraus kam, sah nicht gut aus: Wie anders hätte eine Welt ohne Menschen aussehen sollen als düster, gefährlich und irgendwie sündhaft?

Leben aus der Vorhölle

Das aber machte die Beschäftigung damit nur interessanter! Der gemeine Bewohner der viktorianischen Welt erfreute sich neben der Technik- und Wissenschaftsbegeisterung ja auch am Unheimlichen als Kontrast zur scheinbar immer besser geordneten Welt, in der er lebte. Allzu gern kompensierte er die zunehmende Entzauberung der Welt mit neuen Mysterien.

Horrorgeschichten waren ein zeittypischer literarischer Trend. Mary Shelleys „Frankenstein" war 1818 erschienen, Bram Stokers „Dracula" sollte erst 1897 folgen. Dazwischen liegt ein literarisches Jahrhundert, das sich am Grusel ergötzte. Dinosaurier (und ihre reptilischen Zeitgenossen anderer Familien) passten da perfekt hinein.

Tonnenschwere „Leguane"?
Raub-Echsen, so groß wie Elefanten?
Fledermausartige Flugechsen von Dobermann-Größe?
Riesige spitzzahnige Meeres-Reptilien, die wie Krokodile ihre Beute auf starken Paddeln bis an Land verfolgten?
Her damit!

In populären Darstellungen stellte man sich diese urzeitliche Welt als eine Art Vorhölle vor, finster und rauchig, voller Sümpfe und von feuerspuckenden Vulkanen erhellt. Eine Welt des Jeder-frisst-Jeden, in der die Nahrungskette nicht nur lang, sondern die Wesen an ihrem Ende auch noch wahre Monster waren.

Frühe Abbildungen erinnern atmosphärisch an die Höllen-Visio-

nen des Hieronymus Bosch – es fehlen darauf nur die gequälten
Seelen der Sünder.

John Martins „See-Drachen" (1840): Die „Urzeit" als Vorhölle
(Copyright: Creative Commons)

Die viktorianische Gesellschaft trennte allerdings auch deutlich
weniger zwischen Wissenschaft und Unterhaltung, als wir das
heute tun. Natürlich bemühten sich ernstzunehmende Illustrato-
ren darum, die wissenschaftlichen Erkenntnisse möglichst über-
zeugend visuell umzusetzen. Wenn dabei allerdings eine gute
Show herauskam, hatten sie definitiv auch nichts dagegen.

Mitunter ging auch den Gelehrten bei der zeichnerischen Rekonstruktion der „Vorzeit" die Phantasie durch, wie diese Illustration von Edward Newman aus dem Jahre 1843 zeigt:

Kurz vor Crystal Palace: Flugsaurier mit Fell und Micky-Maus-Ohren schlägt Flug-Bambi (Copyright: Creative Commons)

Interessant daran ist, dass zumindest im Bildhintergrund schon

Flugechsen zu sehen sind, wie man sie sich nur wenige Jahre
später gemeinhin vorstellte.

Es waren solche unfertigen, sich noch ständig wandelnden Beschreibungen urzeitlicher Lebewesen und ihrer Welt, nach denen der Bildhauer und Naturwissenschaftler Benjamin Waterhouse Hawkins ab 1853 die Crystal-Palace-Skulpturen schuf. Zwischen der ersten Erkenntnis, das es so etwas wie eine „vorsint-
flutliche" Urwelt gegeben hatte, und dem Versuch dieser ersten
dreidimensionalen Rekonstruktion lagen gerade einmal drei,
vier Jahrzehnte.

Vielleicht, schrieb Richard Owen in „Geology and Inhabitants of
the Ancient World" (frei: „Geologie und Bewohner der Vorzeit"),
seinem kleinen Führer zur Crystal-Palace-Saurierausstellung,
war es ja wirklich „zu gewagt", das auch nur zu versuchen. Aber,
so beeilte er sich zu versichern, die Statuen folgten akribischer
wissenschaftlicher Analyse und Prüfung der Befunde. Sie seien
das geglückte Resultat „der Kombination von Wissenschaft,
Kunst und handwerklichen Könnens".

Und tatsächlich: So „falsch" vieles an den Statuen aus heutiger
Sicht erscheinen mag, so vieles machte Hawkins zumindest erheblich richtiger als seine Zeitgenossen. Fachwelt und Publikum
waren sich 1854 jedenfalls einig: Der „Dinosaur Court" war eine

gelungene Sache.

Denn ganz nebenbei machten die riesigen Statuen natürlich mächtig was her. Crystal Palace wurde zum Prototyp des „Dino-Parks" - eine Attraktion, die innerhalb weniger Jahre Millionen Schaulustige anziehen sollte. Die „Bestien" machten so viel Eindruck, dass das Satiremagazin „Punch" 1855 vor Dino-Albträumen nach zu reichhaltigem Essen und einem Crystal-Palace-Besuch warnte:

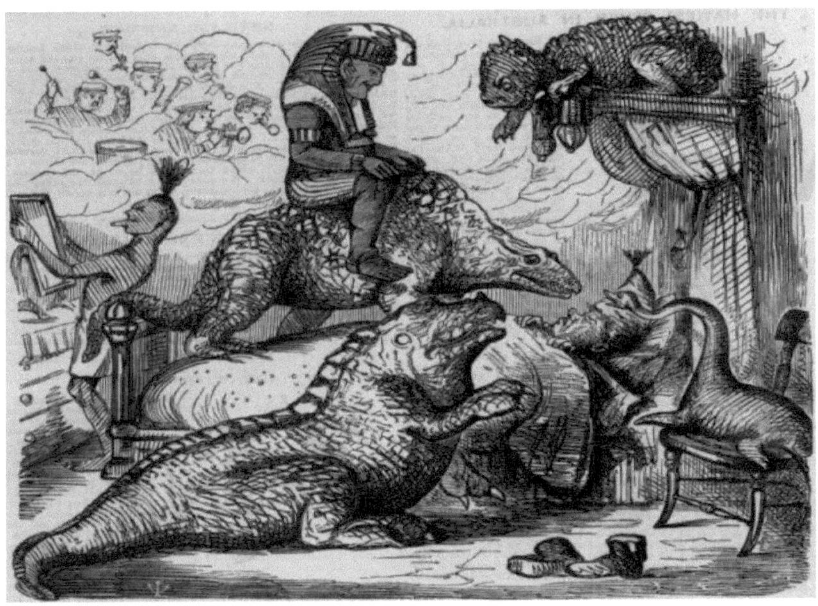

Nächtliche Nebenwirkungen üppiger Dinners im Crystal Palace.

(Copyright: Creative Commons)

Die „Monster" als Attraktionen

Den Betreibern des Parks war das alles nur recht. So wissen-
schaftlich der Dinosaur Court auch sein mochte, war er doch Teil
eines großen Vergnügungsparks, der ein Vermögen gekostet
hatte. Da musste man der Masse auch etwas bieten. Und liebte
nicht jedes Kind ein anständiges Monster?

Nein, nicht unbedingt, spottete Punch ebenfalls 1855. Mitunter
werde auch ein höchst anschauliches Wissensangebot mit Schre-
cken aufgenommen:

**Papa lehrt, Sohnemann plärrt: Folgen einer Überproportion Bil-
dung.** (Copyright: Creative Commons)

Doch obwohl das Projekt der Saurier-Modelle natürlich Publikum brauchte, um die Investitionen wieder hereinzubringen, war es Hawkins und Owen außerordentlich wichtig, damit auch ein wissenschaftliches Schaustück geschaffen zu haben.

Hawkins gehörte zu den Vordenkern einer Museumspädagogik, der es nicht mehr genug war, Menschen kommentarlos Exponate zu zeigen. Sie sollten sehen und verstehen können. Diesem Gedanken folgend gab Hawkins der Rekonstruktion den Vorzug vor dem Knochen. Und um wissenschaftlichen Ansprüchen gerecht zu werden, sollten diese Rekonstruktionen höchsten Ansprüchen genügen.

Die Crystal-Palace-Figuren wurden diesem Anspruch zum Zeitpunkt ihrer Vorstellung ohne jede Frage absolut gerecht, aber das galt leider nicht lang: Jeder wissenschaftliche Erkenntnisgewinn sollte von nun an die Richtigkeit der in Beton gegossenen Rekonstruktionen in Frage stellen.

Schon bald kamen Kritiker, die die Statuen als fehlerhaft bemängelten, und kurz darauf kam auch der Spott. Mit jeder Relativierung des Bildes der von Hawkins rekonstruierten Tiere verloren die an „Wissenschaftlichkeit". Über die Zeit wurden sie mehr und mehr zu bloßem Entertainment degradiert, zu Kuriositäten, zum Zeugnis vergangener Irrtümer. Das aber es wird Owens und

Hawkins Leistung nicht gerecht.

Man muss die Crystal-Palace-Statuen als wagemutige zeitgenös-
sische Zeugnisse verstehen. Im Grunde aber waren sie sogar
mehr als das: Die Visualisierung der Vorstellung vergangenen
Lebens diente von nun auch der Überprüfung der Plausibilität
dieser Vorstellungen: War es wirklich vorstellbar, dass Tiere einmal so aussahen? Wirkten sie „echt"? Ließen sich daran Lebens-
weisen rekonstruieren, Schlüsse auf Verhalten und Verhältnis zu
anderen Arten ziehen?

In dieser Hinsicht waren Hawkins Modelle ein wichtiger Teil des
fortlaufenden Erkenntnisprozesses.

Bis zum heutigen Tag spielen Abbildungen in der Paläontologie
immer wieder diese Rolle. Visualisierungen werden genutzt, Erkenntnisse zu diskutieren und Möglichkeiten auszuprobieren.
Und wie zu Hawkins Zeiten dient die wissenschaftliche Visualisierung – egal, ob in Form von Zeichnungen und Bildern, mon-
tierten Skeletten oder Rekonstruktionen und Statuen – natürlich
auch der Popularisierung der Wissenschaft.

Der Dinosaur Court im Londoner Crystal Palace Park ist wie ein
Zeitfenster, durch das wir heute auf den damaligen Wissensstand sehen. Was man da sieht, war fast alles, was man zu die-

sem Zeitpunkt über die Frühgeschichte des Lebens wusste.

Damals aber war er noch weit mehr als das. Mitte des 19. jahrhunderts war der Blick auf den Dinosaur Court für Millionen Menschen im Sinne des Wortes ein Moment der Erkenntnis.

„Der viktorianische Vibrator"

Eine skurrile Reise durch die Geschichte der modernen Technik –
von töricht bis tödlich.
Taschenbuch, 288 Seiten, Preis: 9,90 Euro, ISBN: 3404607228
E-Book 8,49 Euro, ASIN: B008VDLRN2
Lübbe, 2012

Mit Konrad Lischka:
„Das Schönste am Wein is dat Pilsken danach"

"Mit ihrem Buch ist den beiden ein lebensnahes Buch gelungen -
und eines der besten Bücher über das Ruhrgebiet."
Hardcover, 16,99 Euro, ISBN: 378572439X
Taschenbuch 8,99 Euro, ISBN: 3404607759
E-Book 7,49 Euro, ASIN: B00611PX86
Lübbe 2011/2015

Frank Patalong

ist Journalist und Buchautor.

Sein Science-Blog „Knochensplitter" bei
SPIEGEL ONLINE gehört seit 2012 zu den
meistgelesenen populären Newsseiten
rund ums Thema
Paläontologie in deutscher Sprache.

www.spiegel.de/thema/knochensplitter/
Mehr:
www.patalong.info